從昆布、香菇到豆類，變化出214道美味常備菜

日本の食材帖 乾物レシピ 常備もしやすい万物料理

45款居家必備 乾貨活用食譜

三浦 理代 監修

海產

contents

關於本書

 出產於日本特定地區，使用當地食材，深入鄉土民情的料理。本書內容包括傳統料理與「Ｂ級美食」。

 熟為人知的配菜。介紹「提到○○這種乾貨……」就會想到的料理。您不曾品嘗過這種乾貨，可從這些開始。

包括比較能夠保存的料理、事先準備起來會很方便的料理。建議製作後放進保存容器內保存。

 只要將乾貨處理後保存起來（參考P121）就能輕鬆製作的料理。如果沒有特別註記，所有料理都是2人份，或是容易製作的分量。

＊各種乾貨的熱量、營養等資料來源為「2010日本食品標準成分表」。

＊有關材料標示，1大匙＝15 ㎖、1小匙＝5 ㎖、1杯＝200 ㎖、1合＝180 ㎖。微波爐加熱時間以500W為準。請依照使用機種來調整時間。

＊各種乾貨的泡水時間、重量變化不同，請參考本書註記，並以各製品的說明為準。

海產

盡情享用昆布與鰹魚等
製作高湯的珍貴食材，
以及魚乾、貝類等
充滿大海風味的乾貨。

昆布

原料：昆布
日本產地：北海道
熱量（約100g）：145kcal
營養成分：鈣、鐵、食物纖維

昆布實物

海產乾貨的藻類代表

昆布，屬褐藻類，為日本料理中熬煮高湯、提升鮮味不可或缺的要素。昆布為日照下曬乾的產物。昆布的主要產地為北海道，高達約15種可食用昆布為3年內收成之製品，依照產地、長度與寬度分級。市場上所流通之製品。

日本自古便有食用昆布的習慣，歷史可追溯至平安時代。此外，昆布（konbu）的日語發音與「歡喜」（yorokobu）發音相仿，是具代表性的吉祥物之一。

昆布燉漢堡排
分量十足的盛宴佳餚

材料（2人份）
昆布…15cm
水…300ml
豬絞肉…200g
胡蘿蔔…約⅓根
A｛
胡椒…少許
酒…2大匙
鹽…⅓小匙
吐司…1片（切細）
沙拉油…1大匙
醬油…½大匙

製作方法
1. 昆布切塊，寬度5mm，加適量的水，下鍋浸泡20分鐘。
2. 胡蘿蔔切大塊。
3. 豬絞肉與2放入碗內，依序放入A後拌勻，分成4等份，揉捏成橢圓形。
4. 1水煮15分鐘後，加3再煮20分鐘左右，以醬油調味。

汆燙昆布西洋芹
清爽解膩好滋味

材料（2人份）
昆布…10cm
水…200ml
西洋芹…1根
紅辣椒…½根
A｛
黑糖…20g
酒・味醂…各1½大匙
醬油…1小匙

製作方法
1. 西洋芹挑去菜梗，莖斜切為4段。葉子切大片。
2. 昆布切成寬度5mm的條狀，鍋內放適量的水浸泡30分鐘。
3. 以水煮2、紅辣椒與A，煮沸後依序放西洋芹莖、葉，入人煮0 1分鐘後，快速倒入碗內。以隔碗冰鎮的方式將冰水注入碗的下方，起提味之效。

昆布蘿蔔湯

材料（易烹調分量）

豬肉…150g
白蘿蔔…200g
小蔥…適量
昆布…10 ㎝
水…1.2 ℓ

A
鹽…1 小匙
醬油…2½ 大匙
薑汁…3 小匙

製作方法

1. 昆布切成寬度 2 ㎝ 的條狀，鍋內放適量的水浸泡 30 分鐘。
2. 豬肉切成易入口大小。白蘿蔔切長條片狀，小蔥切丁。
3. 1 水煮 15 分鐘，放豬肉與白蘿蔔。白蘿蔔煮軟後，撈起浮渣，A 依序加入調味。
4. 盛碗，撒上蔥花即告完成。

沖繩傳統豬肉糯米飯
昆布雜炊

材料（易烹調分量）

昆布…10 ㎝／條
乾香菇…2 朵
水…500 ㎖
糯米…2 合
白米…1 合
豬五花肉…100g
胡蘿蔔…½ 根
薑…1 片
長蔥…10 ㎝
芝麻油…1 大匙

A
黑糖…20g
泡盛酒（或燒酒）、醬油…各 3 大匙

沙拉油…1 大匙

製作方法

1. 白米混合糯米以水浸泡 30 分鐘以上，置於濾網上濾乾。
2. 昆布與乾香菇以適量的水泡發，切成寬度 2mm 的絲狀（泡發昆布與乾香菇的水不要倒掉，留著備用）。
3. 豬肉切成寬度 1 ㎝ 的條狀。胡蘿蔔與薑切絲、長蔥切末。
4. 以鍋熱芝麻油，炒薑爆香後，豬肉下鍋翻炒。待豬肉變色，加胡蘿蔔、昆布、乾香菇快炒，接著加入泡發昆布與乾香菇的水 200 ㎖ 與 A，以小火熬煮。
5. 以另一鍋加熱沙拉油，小火翻炒 1，避免燒焦。待糯米變透明，加 4 與長蔥，再放入電鍋內，加入剩餘泡發昆布與乾香菇的水，一同炊煮。

在地
推廣飲食文化的昆布之路

日本江戶時代，北海道取得的昆布透過交易船隻，經由日本海運送至大阪，最遠可至九州、琉球王國（沖繩縣）。因此，沖繩孕育出當地獨特的昆布飲食文化，這條運送昆布的航線也有「昆布之路」之稱。

材料（2人份）

鰤魚…2 片
白蘿蔔…400g
薑…20g
鹽…少許
A
昆布高湯…350 ㎖
酒…50 ㎖
醬油…5 大匙
砂糖…3 大匙
味醂…50 ㎖

充足入味的人氣日本料理
鰤魚煮白蘿蔔

招牌

製作方法

1. 白蘿蔔去皮，切厚度 2 ㎝的片狀。若體積過大，可切成半圓形。白蘿蔔以大量的水熬煮。薑帶皮切成薄片。
2. 鰤魚一片切 3 等分，併排在濾網上，抹上少許鹽。淋上熱水，靜置瀝乾。
3. 鍋內放 A 煮沸，加 2 與薑。時時撈起浮渣，以中火熬煮約 10 分鐘。
4. 白蘿蔔放入 3，蓋上鍋蓋，以中偏小火熬煮約 20 分鐘。

 祕訣 **鰤魚煮白蘿蔔**

鰤魚煮白蘿蔔等這類使用魚肉製作的熬煮料理，建議使用純昆布高湯。若使用鰹魚高湯，會與鰤魚的味道重疊。

湯汁也是一絕的熬煮料理
燉洋蔥

材料（2人份）

洋蔥…2 個
昆布高湯…300 ～ 400 ㎖
盛盤湯底所用的昆布…
　5 ～ 6 ㎝ 2 片
鹽…1 小匙
薑汁、醬油…各適量

製作方法

1. 洋蔥去皮，削去蒂頭。
2. 1、昆布高湯、鹽放入鍋內後點火，煮沸後轉小火蓋上鍋蓋。熬煮約 30 ～ 40 分鐘，待洋蔥軟化，熄火冷卻。
3. 在容器內鋪好昆布，取出洋蔥裝盤，澆上湯汁。依個人口味淋上薑汁與醬油。

高湯的製作方法（以水煮方式）

材料（600㎖／份）
水…700㎖
昆布（佔水量比例0.5%～3%）…3.5～21g

一 參照以浸泡方式製作高湯的方法1處理昆布。

二 鍋內放等量的水與一，靜置30分鐘左右。

三 以中火熱鍋，待昆布冒出泡泡並浮上水面後取出。

☆ 製作高湯的昆布分量請依個人口味調整。
☆ 昆布的重量與寬度因種類而異。本書食譜採用10㎝=16g的昆布。

20g　　　　60g

日高產　　　**3倍**

以水浸泡15分鐘。

挑選方法
昆布味道因產地而異，請依料理用途與口味選擇。

昆布精華再一道
金平風昆布

以平底鍋加熱1大匙芝麻油，斜面薄切長蔥（1根）爆香，加入½小匙豆瓣醬熱炒熄火。最後放進煮過的昆布絲拌勻。

營養滿分的健康配菜
昆布起司沙拉

材料（2人份）
昆布（乾燥）…5g
加工起司…40g
西洋芹…1根
胡蘿蔔…4㎝
A ｜ 黃芥末…1小匙
｜ 米醋…不到1小匙
｜ 橄欖油…1大匙
｜ 鹽…¼小匙
｜ 胡椒…少許
｜ 水…2大匙
乾燥荷蘭芹…½大匙

製作方法
1. 昆布以水泡發（未含於材料表中），瀝乾後切絲。加工起司切成1㎝的塊狀，西洋芹與胡蘿蔔切絲。
2. A放入碗內拌勻，加1再攪拌。裝盤，撒上乾燥荷蘭芹。

祕訣
以浸泡方式製作高湯
1. 以乾燥的布輕拭昆布表面髒汙
2. 昆布以等量的水浸泡5小時～1晚。夏季請置入冰箱，冬季置於室溫下保存。

種類 ——

真昆布

生長於北海道道南地區。可製作出清澈的高湯，是珍貴的高湯昆布。同時也使用於製作佃煮或削成薄而長的朧昆布。

入味的熱騰騰番薯也是絕世美味

昆布絲燉番薯

材料（2人份）

昆布絲（乾燥）
 …泡發 20g
番薯…150g
A ┌ 高湯…150 ㎖
  │ 砂糖、味醂、醬油
  │ …各 1 大匙
  └ 鹽…少許

製作方法

1. 昆布絲泡水、瀝乾。番薯帶皮切成厚度 2㎝的圓塊，以水清洗、瀝乾。
2. 鍋內放 A 後點火，煮沸後加 1 後蓋上鍋蓋，以小火將番薯煮軟。湯汁收乾後，熄火冷卻至入味。

美味的祕訣是薯蕷昆布結合牛奶

昆布蛋包

材料（2人份）

薯蕷昆布…5g
牛奶…100 ㎖
長蔥…10 ㎝
雞蛋…3 個
鹽…1 小匙
胡椒…適量
橄欖油…1 大匙

製作方法

1. 薯蕷昆布切成細絲與牛奶拌勻。長蔥斜切。
2. 1放入碗內，打入雞蛋，以鹽、胡椒調味。
3. 以平底鍋熱橄欖油，加 2，依個人喜好調整硬度。

白板昆布

刨去黑色表面「黑朧」，以露出的白色部分加工成薄板狀。使用於製作竹葉壽司、鯖魚箱壓壽司、包覆生魚片等。

日高昆布

由於纖維柔軟易煮，無論是製作高湯、昆布卷、佃煮等都很適合。產量多，為一般家庭常用品種。別名為「三石昆布」。

利尻昆布

富含特有風味與鮮味，適用於製作高湯與熬煮料理。帶些微鹽分，自古以來便使用於京都料理。

昆布絲

昆布加工成絲狀後的暱稱。昆布乾燥後切絲，或經水煮或醋漬後再切絲、乾燥。細昆布、乾燥昆布板等，皆是以昆布絲加工而成。

可製作出濃醇的高湯。由於香氣濃郁，在關東地區十分受歡迎。主要使用於製作高湯。纖維較少、質地柔軟，別名為「鬼昆布」。

薯蕷昆布

早煮昆布

羅臼昆布

產地與產物

利尻昆布

羅臼昆布

真昆布　日高昆布

以醋泡軟後重疊壓縮再刨絲之製品，使用於製作湯品與熬煮料理。

先蒸煮後乾燥製品，纖維較軟、質地較薄，使用於製作關東煮等的昆布卷。

裙帶菜

原料：裙帶菜
日本產地：三重縣、岩手縣
熱量（約100g）：117kcal
營養成分：鈣、鐵、食物纖維

與昆布一樣是餐桌上常見的藻類

當海水溫度超過20℃，裙帶菜就會枯萎。裙帶菜的分布範圍自本州至九州，是遍布日本全國的藻類。寒冷季節才能體驗生食裙帶菜的美味。市售之鹽漬與乾燥的裙帶菜，幾乎皆產自三陸、鳴門、伊勢等地。自1970年代人們成功養殖裙帶菜以來，日本的裙帶菜產量銳減，取而代之的大多是來自中國、韓國進口。近年，裙帶菜梗與裙帶菜根等裙帶菜相關製品，成為受人矚目的健康食材。

懷舊溫潤的好味道
裙帶菜雞肉醬汁

材料（2人份）

裙帶菜（乾燥）
　…泡發 100g（切成易入口長度）

雞絞肉…50g

筍子（水煮）…100g

木棉豆腐（一般板豆腐）
　…½ 塊

A {
高湯…200 ㎖
醬油…1 大匙
味醂…1 大匙
酒…1 大匙
}

芝麻油…1 大匙

醬油…½ 匙

梅乾…1 個

太白粉水…適量

製作方法

1. 筍子縱切為 1 ㎝ 寬，豆腐切成 6 等分。梅乾去籽，以菜刀輕拍。

2. 鍋內放 A、筍子、裙帶菜，煮沸後熄火。

3. 以小鍋熱芝麻油，炒絞肉，待肉變色，加 2、梅乾、醬油、豆腐再煮約 5 分鐘，最後以太白粉水勾芡。

4. 將 3 裝盤。

享受味覺衝突的美味
醋漬裙帶菜蘋果香菇

材料（2人份）

裙帶菜（乾燥）
　…泡發 100g
　（切成易入口長度）

蘋果…½ 個

鴻喜菇…½ 袋

杏鮑菇…1 根

A {
白酒…1 大匙
醋…2 大匙
橄欖油…1 大匙
鹽…少許
砂糖…2 小匙
粗粒黑胡椒…少許
}

製作方法

1. 蘋果削皮、切絲後過水。

2. 鴻喜菇分成小撮，杏鮑菇切成易入口大小，加水煮沸。

3. A 除了橄欖油外全倒入碗內，再分次加橄欖油攪拌，接著放瀝乾的裙帶菜與 1、2 拌勻。

泡發方法

洗淨乾燥裙帶菜，以適量的水浸泡。

製作醃漬裙帶菜

煮熟後以冷水冷卻，能夠避免水分過多。

5g　　　70g

以大量的水浸泡10分鐘。 **14倍**

種類

乾燥裙帶菜

以鹽水或淡水洗淨，經自然日曬而成的裙帶菜。特徵為海水味道濃郁，適用於各式料理。

乾燥裙帶菜段

水煮去除鹽分後，大小易入口的乾燥製品。雖然缺乏海水香氣，直接加入湯品等料理卻很方便。

裙帶菜根

裙帶菜根部具有嚼勁。日本市面上有許多汆燙後調味的製品。

挑選方法

注意避免帶有濕氣與長霉的裙帶菜，請選擇完全乾燥的製品。

適合作為下酒菜

豆腐佐韓式裙帶菜

材料（2人份）

裙帶菜（乾燥）
…泡發 50g（切成易入口長度）
榨菜絲（市售品）…20g
木棉豆腐（一般板豆腐）…1塊
芝麻油…1小匙
A｜醬油…1小匙
　｜水…2大匙
　｜蒜末、薑末…各¼小匙
白芝麻…2大匙
辣油、醬油…各適量

製作方法

1. 以平底鍋熱芝麻油，裙帶菜、榨菜、A一同入鍋快炒，裙帶菜變軟後熄火，撒上芝麻。
2. 豆腐水煮3～4分鐘，切半裝盤。倒上1，再依口味淋上辣油與醬油。

簡易

以韓式裙帶菜迅速完成道地中華湯品

簡易湯品

鍋內放水 300 ㎖，依照「豆腐佐韓式裙帶菜」步驟1，加入韓式裙帶菜、2大匙醬油，煮熟後熄火。

淋在飯上的簡易拌飯

裙帶菜蛤蠣拌飯

材料（2人份）

裙帶菜（乾燥）…泡發 100g
蛤蠣（帶殼）…200g
水…400 ㎖
A｜蒜末…1瓣分量
　｜醬油、鹽、胡椒、芝麻油…各適量
雞蛋…1個
白飯…1～2碗
白芝麻粉…1大匙
小蔥…適量

製作方法

1. 蛤蠣洗淨、瀝乾。
2. 鍋內放等量的水與1後點火，待蛤蠣開口後，加裙帶菜煮沸。以A調味，打入雞蛋拌勻，熄火。
3. 盛飯，淋上2，撒上蔥花。

海苔

全張烘烤的海苔

原料：甘紫菜

日本產地：三河灣、瀨戶內海、有明海

熱量（約100g）：188kcal

營養成分：鈣、鎂、鐵、胡蘿蔔素

清脆爽口 讓人停不下來

海苔自日本飛鳥時代便有書面記載，是自古以來作為食用或進貢的藻類總稱。潮淹區、淺海地區等淡水流入與海水混合之處，富含河川礦物質，適宜藻類繁殖。近年養殖產量增加，但由於藻類深受水質、日照、地形等因素影響，不同產地的製品各具特色。此外，市售烘烤海苔、調味海苔等各種海苔加工製品、青海苔粉，皆為日本料理不可或缺的元素。

海苔納豆炒飯

品嘗之前先享受具衝擊性的視覺體驗

材料（2人份）

烘烤海苔（大）…1張

納豆…2盒

長蔥…1根

白飯…2碗

A｜ 芝麻油…1½ 大匙

醬油…2 大匙

鹽、胡椒…各適量

製作方法

1. 長蔥切丁。

2. 以平底鍋熱芝麻油，炒蔥爆香，依序放白飯、納豆拌炒。以 A 調味。

3. 以海苔仔細包覆，將 2 呈蛋包狀裝盤。

海苔味噌奶油馬鈴薯

重點為青海苔的海洋風味

材料（2人份）

馬鈴薯…2個

A｜ 白味噌…2大匙

青海苔粉、酒、味醂…各 ½ 匙

奶油…1 大匙

製作方法

1. A 放入鍋內加熱煮沸。

2. 馬鈴薯蒸熟去皮，趁熱抹上奶油與 1。

烘烤海苔

乾燥海苔短時間高溫烘烤。口感清脆，鮮味與香氣濃郁。

韓國海苔

與日本海苔相比，韓國海苔較為密實。以鹽與芝麻油調味，使用於韓國招牌料理「海苔飯捲」。

青海苔

石蓴科的藻類。瀨戶內海產的青海苔相當有名。一般為粉末狀製品。

川海苔

河川養殖青海苔的加工品。別名「掛青海苔」。

瀨戶內海

香氣濃郁，顏色偏黑。口感稍硬，但味道較淡。

東京灣

亦有「淺草海苔」之稱，口感較硬，齒頰留香。特徵是香氣濃郁。

有明海

顏色偏紅，質地柔軟具彈性，鮮味強烈。

三河灣

淺海養殖，特徵是顏色透紅，質地柔軟。味道較淡。

十分適合搭配蔬菜棒

海苔魚乾佃煮

材料（易烹調分量）

烘烤海苔…5 張
吻仔魚…20g
芝麻油…1 大匙
水…½ 大匙

A {
醬油、味醂、酒…各 1 小匙
蒜末、鹽、白芝麻…各適量
紅辣椒…2 根（去蒂切丁）
}

製作方法

1. 以鍋熱芝麻油，炒吻仔魚，海苔撕碎後放入鍋內，注入等量的水。
2. 加 A 調味。（放入密閉容器置於冰箱，可保存 4～5 日）

簡易

鮮味滿滿的湯汁

立刻就能享用的海苔湯

海苔絲、薯蕷昆布、柴魚片各抓一把放入碗內，注入熱水，加適量醬油、梅乾肉攪拌，依口味需求，再撒上適量蔥花。

簡易

隨烤即食

自家製烤海苔

在 2 張烤海苔上塗抹薄薄一層明太子，放入烤箱烤至香脆。

祕訣

烤海苔的製作方法

如果希望海苔更加香脆，十分推薦使用烤箱烘烤。預熱烤箱，待內部變熱後關掉，將海苔併排於烤盤上，以餘溫烤 2～3 分鐘即可。濕氣重的時候可延長加熱時間。烤海苔是啤酒最棒的下酒菜。

寒天

原料：石花菜、江蘺
日本產地：長野縣、京都府
熱量（約100g）：3kcal
營養成分：鈣、鐵、食物纖維

寒天棒

源於素食料理的凝固材料

寒天是石花菜、江蘺等紅藻類經高溫加熱後溶化，在固化、結凍、乾燥等製作涼粉的過程中偶然被人發現的食材。現今凝固乾燥的寒天誕生於17世紀中葉，之後開始廣泛使用於寺廟的素食料理。近來，自韓國、俄羅斯等國輸入原料製作的寒天，在市場上佔有一席之地。主要製品分為棒狀、絲狀、粉狀3種，基本泡發方法皆同。除了涼粉、和菓子，寒天也廣泛使用於沙拉、漬物與果凍等各式料理。

辣炒寒天絲
適合減重的低卡路里配菜

材料（2人份）
寒天絲（乾燥）…10g
金針菇…1袋
韭菜…1束
芝麻油…1大匙
A｜紅辣椒…1根（切丁）
　｜大蒜丁、薑丁…各1大匙
B｜熱水…100 ㎖
　｜醬油…½ 大匙
　｜醋…⅓小匙
　｜砂糖…½ 小匙
　｜酒…½ 大匙
　｜鮮雞粉…½ 小匙

製作方法
1. 寒天絲泡水、瀝乾，切3㎝長。金針菇去除根部，切3㎝長。韭菜切3㎝長。
2. 以平底鍋熱芝麻油，A入鍋爆香，放金針菇、韭菜快炒。拌勻後，加B煮沸，再放寒天絲拌勻。

薑汁寒天
食物纖維滿滿的健康點心

材料（14㎝×18㎝/塊）
薑汁…1½ 大匙
A｜寒天粉…4g
　｜水…400 ㎖
　｜砂糖…3大匙
黃豆粉、黑糖蜜…各適量

製作方法
1. 鍋內放A拌勻後，點中火，不時攪拌約1～2分鐘，沸騰後加薑汁熄火。
2. 待1降溫，倒入以水沾濕的模型中，於冰箱30～40分鐘冷卻凝固。
3. 2切易入口大小裝盤，淋上黃豆粉與黑糖蜜。

泡發方法

一 以適量的水浸泡 1 小時。

二 剝成小塊，放等量的水後點火。

三 沸騰後轉小火，自底部向上攪拌 2～3 分鐘，變透明時表示已經泡發。

8g　　　　　4 杯水

1 根寒天棒加 4 杯水，硬度與涼粉相似。

種類

寒天棒
同時也稱為「寒天角」，主要產地在長野縣諏訪地區，製作於寒冷的冬季。多以石花菜內添加二至三成的江蘺製成。

寒天絲
又稱「細寒天」，凝固乾燥成細長條狀。口感與麵條相似，可用於火鍋料理。

寒天粉
寒天棒研磨成粉。溶解即可食用，十分方便。現亦為衣服、化妝品原料。

挑選方法

將寒天棒與寒天絲握在手中，以質地較硬的為宜。

來自寒天產地長野縣諏訪地區
外觀引人入勝的好菜

在地

菠菜寒天豆腐

材料（14 cm×18 cm／塊）

寒天粉…4g
菠菜…1/5 把
嫩豆腐…100g
高湯（冷）…500 ml
A
　酒…2 小匙
　砂糖…1 大匙
　鹽…適量

製作方法

1. 菠菜汆燙後瀝乾，放入缽內研磨成糊狀。豆腐壓碎。
2. 鍋內放寒天粉、高湯拌勻。以中火煮，不時攪拌 1～2 分鐘，沸騰後加 A 與豆腐。待豆腐浮出水面，熄火。
3. 菠菜放入 2 拌勻，降溫後，倒入以水沾濕的模型中，放進冰箱冷卻凝固。
4. 將 3 切成易入口的大小裝盤。

攪拌凝固即告完成

水羊羹

材料（14 cm×18 cm／塊）

寒天粉…3g
紅豆罐頭…190g
鹽…適量
水…300 ml

製作方法

1. 壓碎紅豆，但保留顆粒感
2. 鍋內放寒天、等量的水拌勻。以中火煮，不時攪拌 1～2 分鐘，沸騰後加 1 與鹽，熄火。
3. 降溫後，倒入以水沾濕的模型中，放進冰箱冷卻凝固。
4. 將 3 切成易入口大小裝盤。

祕訣 推薦以寒天製作醬汁

寒天雖然感覺是「固體」，但其實也可使用於醬汁，例如：御手洗糰子沾醬。寒天粉放入 80℃以上的熱水中，時常攪拌，加入砂糖、醬油，濃稠美味的醬汁瞬間大功告成。

羊栖菜

原料：羊栖菜
日本產地：太平洋沿岸、福井縣以西的日本海沿岸
熱量（約100g）：139kcal
營養成分：鈣、鉀

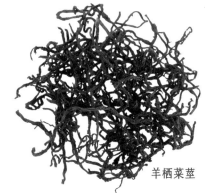

羊栖菜莖

無法生食的藻類

生羊栖菜由於過於苦澀，無法生食。事實上，一般標榜販賣「生羊栖菜」的店家，是先將羊栖菜煮熟、乾燥，販售前再蒸一次。日本在繩文時代的貝塚裡就發現了羊栖菜，可見羊栖菜具有相當長的歷史。羊栖菜食用部位主要分為較長的莖（羊栖菜莖）與較細的枝（羊栖菜芽）。近來，日本市售羊栖菜多產自韓國與中國，而日本知名產地為長崎縣、千葉縣、三重縣。

適合減重的健康料理

羊栖菜豆腐漢堡排

材料（2人份）

羊栖菜芽（乾燥）
　…泡發 30g
木棉豆腐…1塊
鮪魚罐頭…1罐
A ｜ 鹽、胡椒…各適量
小麥粉…3大匙
沙拉油…1大匙
B ｜ 醬油、味醂
　…各2大匙
砂糖…2小匙
青紫蘇…2片

製作方法

1. 以紙巾包覆豆腐吸收水氣。
2. 碗內放羊栖菜、1、濾過油的鮪魚、A拌勻，分成2等分，捏成圓形。
3. 以平底鍋熱沙拉油，將2併排放入鍋內，兩面煎至微焦。蓋上鍋蓋，小火煎烤4～5分鐘，加B。裝盤後淋上醬汁，放上青紫蘇裝飾。

使用羊栖菜莖，分量十足

羊栖菜鮭魚義大利麵

材料（2人份）

羊栖菜莖（乾燥）
　…泡發 40g
義大利麵條…200g
鮭魚…3塊
橄欖油…3大匙
A ｜ 蒜末…1瓣分量
紅辣椒片…1根分量
鹽、胡椒…各適量
粗粒黑胡椒…適量

製作方法

1. 平底鍋裝滿水，加羊栖菜，蓋上鍋蓋後點火，煮沸後熄火放置5分鐘，撈起羊栖菜放上濾網。
2. 義大利麵條依照包裝指示烹調後瀝乾。
3. 平底鍋內放橄欖油、A，點火爆香，鮭魚撕塊下鍋，加1與2，以鹽、胡椒調味。
4. 裝盤，撒上粗粒黑胡椒。

泡發方法

一 羊栖菜放入碗內，注入適量的水。換水2～3次清洗。

二 再度換水浸泡，至羊栖菜膨脹，約需30分鐘。

三 放在濾網上瀝乾。

10g　　　85g

羊栖菜芽　　**8.5倍**

10g　　　45g

羊栖菜莖　　**4.5倍**

羊栖菜芽以適量的水浸泡20分鐘，羊栖菜莖以適量的水浸泡30分鐘。

種類

羊栖菜莖

羊栖菜莖較羊栖菜芽粗，口感較有勁，建議用於熬煮、翻炒。

羊栖菜芽

實際上並非嫩芽，而是羊栖菜枝前端的短枝，又稱「羊栖菜米」。

┌─ **挑選方法** ─┐
請選擇充足乾燥、體積大，且具有黑色光澤的羊栖菜。
└─────────┘

羊栖菜不需浸泡而直接烹調

羊栖菜拌飯

材料（易烹調分量）

羊栖菜芽（乾燥）…10g
白米…2 合
水…400 ㎖
A
｜日本酒…3 大匙
｜吻仔魚…20g
｜薑絲…1 片分量
｜鹽…1 小匙
｜醬油…1 大匙
白芝麻…適量

製作方法

1. 洗米，以等量的水浸泡30分鐘以上。
2. 加羊栖菜、A 炊煮，將 1 裝盤，撒上白芝麻

鬆脆馬鈴薯與羊栖菜十分匹配

羊栖菜馬鈴薯沙拉

材料（2人份）

羊栖菜芽（乾燥）…泡發 50g
馬鈴薯…2 個
洋蔥…½ 個
A
｜高湯…100 ㎖
｜醬油…1 大匙
B
｜橄欖油…2 大匙
｜辣椒粉…1 小匙
｜壽司醋…1½ 大匙
｜鹽、胡椒…各適量

製作方法

1. 洋蔥切薄片，馬鈴薯切絲。
2. 鍋內放入 A、羊栖菜後蓋上鍋蓋點火，煮沸後熄火靜置 5 分鐘。
3. 再點火翻炒讓水氣發散。加入馬鈴薯後熄火，以畫圓的方法將 B 倒入鍋內，拌勻。
4. 加入洋蔥攪拌，以鹽、醬油調味。

礦物質豐富的家常菜 # 燉羊栖菜

招牌

材料（2人份）

羊栖菜（乾燥）
　　…泡發 100g
紅蘿蔔…⅓ 根
豆皮…1 塊
沙拉油…1 大匙
A
｜高湯…200 ㎖
｜砂糖…2/3 大匙
｜醬油
｜　…1½ 大匙
｜鹽…½ 小匙

製作方法

1. 紅蘿蔔切 3 ㎝長條。豆皮切對半，寬度 7～8mm，過水去油。
2. 以平底鍋熱沙拉油，翻炒羊栖菜，加紅蘿蔔、豆皮再翻炒。
3. 均勻炒熱，放入 A，沸騰轉中火至湯汁收乾。

鰹魚乾

原料：鰹魚
日本產地：鹿兒島縣、靜岡縣
熱量（約100g）：356kcal
營養成分：鉀、鈣、鐵、鋅、維生素D、維生素B1、菸鹼酸

枯節

高湯不可或缺的元素！

鰹魚乾取魚腹部後方肌肉經烹調、煙燻、長霉等過程製成。到了17世紀後半，僅經烹調、乾燥製成。鰹魚的歷史相當久遠，《古事記》中已有記載。由於鰹魚乾的日語發音與「勝男武士」相同，是日本戰國時代不可或缺的吉祥物。隨著加工過程不同，鰹魚乾的味道與香氣也相差甚遠。因此，鰹魚乾依照「原料形狀」與「加工過程」分類，而根據料理選用不同鰹魚乾的消費者也日益增加。

清爽而促進夏季食慾的華麗料理
多彩蔬菜佐鰹魚醬汁

材料（易烹調分量）

材料	分量
蕪菁	2 小個
小洋蔥	3 個
秋葵	4 根
小番茄	6 個
黃椒	½ 個
高湯	500 ㎖
鹽	1 小匙
A 醬油	1 小匙
味醂	1 小匙
酒	½ 大匙

製作方法

1. 蕪菁對半縱切。小洋蔥切除兩端蒂頭。秋葵快速汆燙，去除蒂頭。小番茄去除蒂頭，熱水燙過去皮。黃椒以烤箱烤至微焦、去皮，縱切3等分。
2. 鍋內放 A 煮沸，舀起 100 ㎖ 放入其它容器。
3. 秋葵、黃椒放入裝有高湯的容器，置入冰箱冷藏。
4. 2 鍋內放蕪菁，轉中火煮沸。煮沸後加洋蔥煮2分鐘。接著加小番茄，轉小火煮8分鐘。
5. 4 連鍋一起放入裝有冰水的碗內冰鎮，與3混合裝盤。

引出海鮮美味的料理
炸蝦佐鰹魚醬汁

材料（2人份）

材料	分量
剝殼蝦肉	100g
洋蔥	¼ 個
高湯	200 ㎖
A 醬油	2 大匙
味醂	2 大匙
酒	1 大匙
鹽、小麥粉、炸油	各適量

製作方法

1. 蝦肉以鹽水洗淨後瀝乾。洋蔥切片。
2. 鍋內放 A，稍微煮沸後放涼。
3. 小麥粉裹住蝦肉，以165℃炸至呈漂亮的金黃色，清炸洋蔥，趁熱滑入 A。

以香菇、酢橘讓秋季香氣四溢

烤香菇
佐鰹魚醬汁

材料（2人份）

香菇…4 朵
舞菇…1 包
鴻喜菇…1 包
高湯…200 ㎖　⎫
醬油…3 大匙　⎪
醋…2 大匙　　⎪
味醂…1 大匙　⎬ A
砂糖…1 小匙　⎪
鹽…少許　　　⎭
酢橘…2 個

製作方法

1. 鍋內放入 A，稍微煮沸後，冷卻。
2. 香菇切片、舞菇與鴻喜菇剝大塊。酢橘切3片做為裝飾用，剩下的加入1製作醬汁。
3. 平底鍋加熱，乾煎 2 香菇。香味飄出、煎至微焦時，趁熱將 2 醬汁倒入，放置 30 分鐘。完成後以酢橘切片裝飾。

最佳高湯製作方法

材料（600 ㎖ / 份）

水…800 ㎖
鰹魚片（水量 3%）…24g
昆布（水量 1%）…8g

一　與 P9 相同方法製作昆布高湯。煮沸後先熄火，鍋內放少許的水，讓湯的溫度降至 80℃～90℃。

三　待鰹魚片沉至鍋底，濾網上鋪布，過濾湯汁。

二　加鰹魚片，再點火，以中偏小火煮 1 分鐘左右，熄火。

請勿擠壓高湯殘渣

若擠壓高湯殘渣，會有雜味產生。高湯殘渣可以再次製作高湯。

鰹魚削法

一　以乾布拭淨鰹魚霉斑、灰塵等髒汙。

二　頭部在下、尾部在上，以 45 度角削鰹魚，便能輕鬆削到最後。

三　固定工具避免滑動，手握鰹魚，自靠近身體這一側往前推壓。

頭部　　　　　尾部

不容易削的時候

鰹魚加熱後會比較容易削。加熱的鍋子蓋上鍋蓋，將要削的那一面緊貼蓋子，提升溫度。途中要避免鰹魚附著水氣。

清爽茶泡飯適合夏季享用
鰹魚茶泡飯

材料（1人分）
鰹魚片…3g
白飯…1 碗
白蘿蔔泥…5 ㎝分量
果醋…3 大匙

製作方法
1. 溫熱的飯盛入碗內。
2. 連汁液一同淋上新鮮蘿蔔泥。
3. 擺上大量鰹魚片，淋上果醋。
☆ 1 改用冷飯並加冰塊一同享用也很美味。

簡易

品嘗鰹魚片的香甜滋味
鰹魚美乃滋三角飯糰

材料與製作方法（飯糰 2 個分量）
食用鰹魚片 1 束與美乃滋 1 大匙拌勻。手取適量鹽與 1 碗分量的飯拌勻，放鰹魚美乃滋後握捏，最後捲上半片海苔。

何謂食用鰹魚片

相較於一般鰹魚片，食用鰹魚片質地較軟，並以醬油調味、醃製而成。由於口感溫和，直接吃也很美味。

鰹魚片香氣四溢、米飯鬆軟可口
鰹魚豆腐炒飯

材料（1人份）
鰹魚片…5g
白飯…1 碗
木棉豆腐…½ 塊
長蔥…10 ㎝
薑…1 大匙
長蔥…¼ 把
芝麻油…1 大匙
醬油…1 大匙
鹽、胡椒…各適量

製作方法
1. 豆腐瀝乾、長蔥與薑切末、長蔥切丁。
2. 平底鍋放芝麻油與薑爆香，依序加長蔥、一半鰹魚片、飯、豆腐後拌炒。
3. 入味後加 A。裝盤，撒上剩餘鰹魚片與長蔥。

種類

依原料形狀分類

本節

3kg 以上的鰹魚切成 3 塊，再對半切成 2 等分。背部稱作「雄節」、腹部稱作「雌節」。

龜節

3kg 以下的鰹魚切成 3 塊，直接以半身加工製作。產量逐年減少。

依加工過程分類

枯節

荒節與裸節重複 2 次以上長霉的製品。由於費時費力，價格不菲。重複 3 次以上長霉的製品，稱作「本枯節」。長霉可提升鰹魚乾的香氣與美味。

裸節

刨削荒節表面而成的製品，雜味較荒節少。

荒節

生利節煙燻、乾燥而成的製品。煙燻可強化保存。為鰹魚片與鰹魚粉的原料。

生利節

生鰹魚煮熟切片。無法使用於製作高湯，多用於熬煮或切塊食用。

鰹魚片

厚鰹魚片

厚度大於 0.2mm。可製作濃郁高湯，經常使用於烏龍麵與蕎麥麵的沾醬。

薄鰹魚片（花鰹）

厚度小於 0.2mm。大量使用，短時間內可製作出濃郁美味的高湯。市售之「花鰹」多為荒節。

鰹魚絲

絲狀與線狀，原料為金槍魚或鰹魚。一般製作時多會去除暗色部位，腥味較鰹魚片低。適用於冷豆腐與汆燙蔬菜。

鰹魚與起司的美味共演

鰹魚起司片

材料（2 人份）
鰹魚片…3g
奶油起司…100g
青紫蘇…3 片
芥末、醬油…各適量

製作方法
1. 青紫蘇切絲、過水後瀝乾。
2. 奶油起司切成 8mm 厚度，均勻沾上鰹魚片。
3. 將 1、2、芥末裝盤，佐醬油享用。

挑選方法

請選擇表面灰白色霉均勻附著的製品。此外，鰹魚互敲的聲音清脆為佳。

小魚乾

原料：日本鯷魚
日本產地：長崎縣
熱量（約100g）：332kcal
營養成分：鈣、鐵、維生素D

日本鯷魚乾

體形雖小，美味俱全

小魚乾主要是以日本鯷魚、遠東擬沙丁魚的幼魚水煮、乾燥而成。吻仔魚則是以日本鯷魚、遠東擬沙丁魚的魚苗烹調、乾燥而成。吻仔魚再次經過乾燥，就成了縮緬雜魚，而各地名稱不同。此外，還有將日本鯷魚加工成板狀，或是以飛魚、竹莢魚等不同魚類製作，小魚乾有各式各樣的種類。小魚乾主要使用於製作高湯；吻仔魚乾與縮緬雜魚則廣泛使用於涼拌、熬煮、熱炒等料理。

關鍵在於洋蔥不能炒焦

小魚乾炒洋蔥

材料（2人份）

小魚乾…20g
洋蔥…½個
A ｜ 醋…½ 大匙
｜ 紅辣椒…2根
（縱切¼）
沙拉油…½ 大匙
鹽、胡椒…各少許

製作方法

1. 小魚乾去除頭部與內臟、洋蔥縱切薄片。A 拌勻後靜置約 10 分鐘。
2. 以平底鍋熱沙拉油，以中小火翻炒小魚乾後起鍋。
3. 洋蔥放入2平底鍋以大火快炒。均勻上油後，以鹽、胡椒調味。最後將小魚乾放回鍋內，加 A 翻炒。

簡易

不管冷熱都好吃◎

小魚乾起司燒

吻仔魚 40g 放入平底鍋，撒滿披薩用起司，以中火烘烤。起司溶化、邊緣變色後翻面，煎烤至起司全部變色。熄火起鍋，切成易入口大小。

高湯製作方法

一　將魚乾去除頭部、內臟，縱切魚身以避免苦澀及產生浮渣。

二　以水浸泡10分鐘～1晚。熬煮前先泡發，較易引出鮮味。

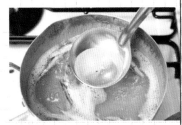

三　開中火將泡發魚乾的水煮沸，轉小火5～6分鐘，完成。

挑選方法

請選擇色澤明亮乾淨的小魚乾

佃煮起源

佃煮是佃島此地為保存小魚發明的烹調方法，妥善利用了醬油的保存效果。可大量製作，使用於拌飯或沙拉。

特別美味的入味蔬菜

小魚乾燉南瓜蕃茄

材料（2人份）

吻仔魚…40g
南瓜…1/8 個
小番茄…6 個
昆布…泡發 10 ㎝
水…150 ㎖
醬油、味醂
　…各 2 大匙

製作方法

1. 南瓜斜切成易入口大小塊狀，小番茄去蒂。昆布切 5mm 絲狀。
2. 所有材料放入平底鍋，蓋上鍋蓋後點火。煮沸轉小火煮約 10 分鐘，待南瓜變軟即告完成。

常備

非常好的點心

小魚乾堅果佃煮

材料（易烹調分量）

吻仔魚…30g
喜愛的堅果…30g
A｜酒、醬油、味醂
　…各 1 又 ½ 大匙

製作方法

1. 平底鍋放大小適中的小魚乾、碾碎的堅果，以中火翻炒3～4分鐘後起鍋。
2. 平底鍋放 A 轉小火，加 1 攪拌至湯汁逐漸收乾，使其入味。
3. 2 起鍋後擺盤冷卻，放入冰箱冷藏可保存約 3 週。

10 分鐘就能搞定讓人忍不住上癮的烏龍麵
小魚乾青蔥烏龍麵

材料（2人份）

吻仔魚…10g
冷凍烏龍麵…2 塊
榨菜…30g
長蔥…½ 根
芝麻油…1 大匙
酒…1 大匙
醬油…1 小匙
水…800 ㎖
A 醬油…1½ 大匙
味醂…1½ 大匙
胡椒…少許

製作方法

1. 榨菜切絲、長蔥斜切。
2. 冷凍烏龍麵下鍋煮開，以濾網瀝乾水分。
3. 鍋內熱芝麻油，翻炒吻仔魚。注意不要炒焦。加酒，煮沸後放榨菜、醬油與長蔥，繼續翻炒。
4. A 放入另一個鍋內，煮沸加 2，再次沸騰。
5. 將 4 裝盤，放上 3、撒上胡椒拌勻食用。

鈣質滿滿的早餐選擇
小魚乾高麗菜吐司

材料（2人份）

吻仔魚…10g
吐司…2 片
高麗菜…1/8 個
鹽…½ 小匙
美乃滋…2 ～ 3 大匙
粗粒黑胡椒…少許

製作方法

1. 高麗菜切絲，抹鹽搓揉軟化。
2. 吐司抹上美乃滋，放上 1，撒上吻仔魚與大量粗粒黑胡椒。
3. 2 放入烤箱烤至微焦。

青口魚乾

捕獲於外海之沙丁魚乾，魚肉質地結實。脂肪成分少、具濃郁口感，可製作醇厚高湯。

日本鯷魚乾

原料為日本鯷魚，是最受歡迎的魚乾，日本長崎縣產量居冠。

以日本鯷魚小魚乾燥而成，又名「五萬米」。日本以往會將沙丁魚做為水田肥料，故得此名。

白口魚乾

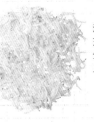

又名「小鯷魚」，以日本鯷魚幼魚乾燥而成。腥味較少，可製作之口感滑潤的高湯，並使用於讚岐烏龍麵。

日本鯷魚小魚乾

田作魚乾

捕獲於相對比較溫暖、海波平穩的內海與淺灣。可製作口感滑潤的高湯。許多人喜歡直接食用。

吻仔魚

沙丁魚類魚苗以鹽水烹調，並保留70%水分。為日本關東地區常見食材。

縮緬雜魚

沙丁魚魚苗以鹽水烹調，僅保留40%水分。日本關西地區偏好此物。

在地

源自明治時代的愛媛珍味

儀助煮

材料（易烹調分量）

魚乾…100g

A｛ 酒、醬油…各1大匙
砂糖…4大匙 ｝

櫻花蝦…5g

製作方法

1. 魚乾以微波爐加熱2分鐘。
2. A放入平底鍋煮沸，開始起泡時轉小火，湯汁變濃稠後加入1與櫻花蝦，在湯汁收乾前拌勻。
3. 將2起鍋，鋪在容器上冷卻。

鱈魚乾

原料：真鱈、阿拉斯加狹鱈

日本產地：北海道、東北地區

熱量（約100g）：317kcal

營養成分：鉀、鈣、鐵、維生素D、維生素E

開乾

京都家常菜常見之北方魚乾

鱈魚乾為鱈魚科的真鱈、阿拉斯加狹鱈去除頭部與內臟，冬季時在海邊結凍、乾燥而成。真鱈為高級品，一般市售多為阿拉斯加狹鱈。

鱈魚乾歷史久遠，自日本室町時代起便有向天皇進貢的紀錄。亦為自東北至九州，盂蘭盆節與正月料理的常見食材。其中，以京都家常菜「芋棒」最為出名。「芋棒」是以棒鱈與海老芋熬煮的料理。此外，韓國、法國、西班牙等地也有鱈魚乾的料理，是重要的保存食品。

享受大量的鱈魚美味
奶油焗烤鱈魚乾 招牌

材料（2人份）

鱈魚乾…泡發 150g
馬鈴薯…2 小個
洋蔥…½ 個

A
蒜粒…1 片
黑胡椒粒…3 粒
月桂…1 片
牛奶…200 ㎖
鮮奶油…50 ㎖

B
肉荳蔻、鹽、胡椒…各適量
披薩用起司…60g
橄欖油…½ 大匙
奶油…適量

製作方法

1. 鱈魚乾撕成易入口大小。馬鈴薯煮熟後趁熱去皮，隨意切塊。洋蔥切片。

2. 鍋內放鱈魚乾、A，以中火煮沸後轉小火煮約 10 分鐘，取出蒜粒與鱈魚乾。

3. 將 2 的蒜粒放入缽內研磨，加鱈魚乾拌勻。若有魚骨，則要去除。加鮮奶油、5～6匙與2的湯汁拌勻，撒上B調味。

4. 以平底鍋熱橄欖油，以小火翻炒洋蔥，炒至微焦。

5. 烤盤塗抹奶油鋪上4，併排馬鈴薯、放上 3、鋪滿起司，以 230℃ 烤 20～30 分鐘，烤至微焦。

在地

四面環山的奈良難得的魚類料理
醋漬烤鱈魚乾

材料（易烹調分量）

鱈魚乾…10 ㎝塊

A
酒…100 ㎖
水…100 ㎖
醋…200 ㎖

B
酒…2 大匙
砂糖…1 小匙

製作方法

1. 鱈魚乾以烤網烤過，魚肉裂開後塗上 A，靜置半天。

2. 烤網加熱，放上1，烤至微焦。去皮、剔骨，將魚肉撕成易入口大小。

3. 碗內放入2，再加入少許B，醃漬一天以上入味。

泡發方法

一 棒鱈魚以洗米水浸泡 2 天。

二 自第 3 天起改以淡水浸泡，且每天換水。棒鱈魚泡發時間：冬季 10 天、夏季 2～3 天。切開或全開魚乾則為 2 天左右。

關於鹽漬鱈魚乾

鹽漬鱈魚乾需以充足的水浸泡 1 晚以上。由於鹽分含量較多，中途需要換水。若浸泡時間過長，味道會流失，請保留適度鹹味。

棒鱈魚

分解鱈魚頭部、內臟、背脊乾燥製成。含水量與鰹魚和魚乾幾乎相同，以燉煮料理居多。

棒鱈魚開乾

鱈魚剖開攤平後鹽漬、乾燥而成。由於剖開攤平，浸泡時間較棒鱈魚短。

鹽漬鱈魚乾

鱈魚分成上下 3 層後鹽漬、乾燥而成。水分較棒鱈魚多，容易處理。可直接烘烤食用。

種類

挑選方法

上述種類皆以肉多為佳。表面呈現黃褐色表示已經開始氧化，最好避免。

簡易

不論吃幾碗都沒問題
鱈魚乾茶泡飯

鹽漬鱈魚乾切 10 ㎝寬，微烤至魚乾表面出現細裂紋，適量加海苔絲、米菓、昆布茶等，製成茶泡飯底。食用時，白飯放上茶泡飯底，注入熱水便會散開。如有鴨兒芹，撒上裝飾。

香草氣味飄散的西式熬煮料理
香草煮鱈魚乾

材料（2 人份）
鹽漬鱈魚乾…泡發 200g
菠菜…½ 把
洋蔥…½ 個
香草…百里香等 30g
橄欖油…2 大匙
番茄醬…1 大匙
白酒…2～3 大匙
水…100 ㎖
鹽、胡椒…各適量

製作方法
1. 鹽漬鱈魚乾對半切。菠菜輕輕以水清洗，切大片。香草、洋蔥切粗條狀。
2. 以鍋熱橄欖油，炒洋蔥。洋蔥稍微變色後，加番茄醬，均勻翻炒 1～2 分鐘，加白酒以中火煮沸，加菠菜、香草、等量的水，蓋上蓋子，以中火煮 10 分鐘左右，煮至菠菜變軟。
3. 待一半菠菜沉至鍋底，魚皮朝下放入鍋內，將鍋底菠菜撈起、覆蓋鱈魚，蓋上蓋子以極小火熬煮 1 小時。可另外加少量的水（未含於材料表中），避免湯汁不足。最後撒上鹽、胡椒。

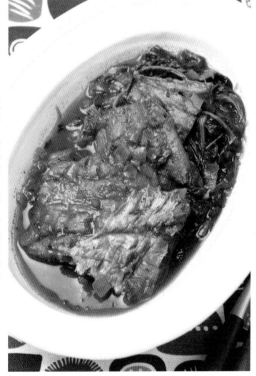

秘訣 ▶ 棒鱈魚難以菜刀、剪刀切開。若以棒鎚敲打分割，斷緣處會不平整，但容易泡發。

鯡魚

原料：鯡魚
主要進口地：加拿大、俄羅斯
熱量（約100g）：246kcal
營養成分：鋅、鉀、維生素D

本乾

製作費時
卻風味絕倫

鯡魚取出內臟、切成2～3塊後日曬。

「欠身鯡魚」熟成後，有堅硬的本乾與柔軟的生乾之分，兩者皆為鄉土料理常用食材。「欠身鯡魚」通常不食用腹部，僅食用背部，故得其名。北海道為主要產地，儘管1955年前大量生產，其後產量銳減，被稱為夢幻魚。現今多數欠身鯡魚，以冷凍進口鯡魚加工製成。

十分推薦的家常菜
醋漬鯡魚

材料（易烹調分量）

欠身鯡魚…2片
A
蘋果醋…100 ㎖
洋蔥末…¼ 個分量
蒔蘿…適量
鹽、胡椒…各少許

製作方法

1. 保鮮容器放入 A 拌勻，加鯡魚置入冰箱2～3天醃漬。

使用醋漬鯡魚
德式馬鈴薯沙拉

德國北部與瑞士也製作醋漬鯡魚。主要將酸奶油、美乃滋擠在馬鈴薯上，拌醋漬鯡魚享用，成為類似馬鈴薯沙拉的料理。

本乾泡發方法

一　本乾以洗米水浸泡半天〜1晚。

二　泡發的本乾快速以熱水汆燙，去除表面油脂為佳。若在意油脂的味道，可以番茶取代熱水。

生乾泡發方法

由於乾燥度較低，以番茶汆燙去除油脂較佳。

種類

本乾
不抹鹽而直接日曬而成的堅硬魚乾。雖泡發較為費工，但風味較佳、保存較久。經常使用於熬煮料理、昆布卷、鯡魚蕎麥麵等料理。

生乾
保有殘餘水分的魚乾，特徵為質地柔軟。可直接燒烤食用。

挑選方法

本乾→淺褐色帶有黑色斑點則品質佳。
生乾→請避免色澤暗沉、發青變色的製品。

招牌

以番茶去除鯡魚的腥味與多餘的油脂

鯡魚蕎麥麵

材料（2人份）

欠身鯡魚…生乾 150g
番茶…400 ㎖
高湯…200 ㎖
A｜味醂、醬油、砂糖…各 1 大匙
　｜酒…1½ 大匙
　｜薑絲…少許
B｜味醂…60 ㎖
　｜高湯…600 ㎖
　｜醬油…60 ㎖
生蕎麥麵…200g
長蔥…少許

製作方法

1. 鍋內放去骨鯡魚與番茶，中火煮 20 分鐘
2. A 放入 1 鍋內，中火煮 15 分鐘左右，熄火，靜置入味。
3. 取出鯡魚，切成易入口大小。
4. 味醂放入另一個鍋內，加 B 稍微煮沸。
5. 蕎麥麵依照包裝指示煮熟、瀝乾後裝盤，淋上 4，放上 3 與蔥丁。

在地

讓人上癮的獨特滋味

鯡魚茄子

材料（2人份）

欠身鯡魚
…泡發 200g
茄子…4 根
A｜醬油…1½ 大匙
　｜酒…1½ 大匙
　｜水…200 ㎖

製作方法

1. 鯡魚洗淨放在砧板上，以擀麵棍拍碎。茄子縱切，劃上裝飾刀痕。
2. 鍋內放 A 煮沸，加 1，以中火煮 15 分鐘後冷卻入味。若鯡魚本身鹹味較重，請調整醬油用量。

依照口味調整熬煮程度

鯡魚茄子這道熬煮料理是日本福井與京都常見的夏季家常菜。茄子吸收鯡魚精華後變得更加美味。茄子煮至呈黏稠狀為佳。

各式魚乾

原料：真鯵、室鯵
日本產地：靜岡縣
熱量（約100g）：155kcal
營養成分：蛋白質、脂質

竹筴魚乾

以日本的智慧結晶
鎖住魚類美味

近幾十年來，由於冷凍技術發達，市售魚乾種類多元。以往保存魚乾為避免損傷漁獲，一般多以乾燥為主。乾燥法於開挖古墓時也曾發現，歷史十分悠久。然而近年誕生之生乾（一夜乾、質軟），堅持保留獨特口感與風味的製品增加許多。即便如此，各地生產的硬魚乾、味酥乾、鯵魚乾等獨特魚乾仍深受喜愛。

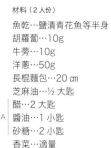

常備

利用剩餘的青菜再製作一道料理
白飯佐魚乾醃蘿蔔

材料（易烹調分量）
魚乾…竹筴魚等1片
醃蘿蔔…15g
芝麻油…1大匙
醬油…1小匙
黑芝麻…1大匙

製作方法
1. 竹筴魚烘烤後去皮、剔骨、撕碎。醃蘿蔔切丁。
2. 以平底鍋熱芝麻油，放1徹底翻炒。加醬油、芝麻，翻炒至湯汁收乾。

越南風三明治
青花魚越南麵包

材料（2人份）
魚乾…鹽漬青花魚等半身
胡蘿蔔…10g
牛蒡…10g
洋蔥…50g
長棍麵包…20cm
芝麻油…½大匙
A ┌ 醋…2大匙
  │ 醬油…1小匙
  │ 砂糖…2小匙
  └ 香菜…適量

製作方法
1. 青花魚切2～3等分，烤至微焦。
2. 胡蘿蔔與牛蒡切3cm條狀。牛蒡以水去除澀味，瀝乾。洋蔥切片。
3. 以平底鍋熱芝麻油，翻炒胡蘿蔔與牛蒡，加A拌勻後熄火，放洋蔥靜置
4. 長棍麵包切8等分，夾入1、3、香菜做成三明治。

手工製作

一 竹筴魚去除內臟、剖開以水清洗後瀝乾。

二 水與鹽以6：1比例混合。水3杯，鹽½杯。

三 竹筴魚剖開以鹽水浸泡。標準為魚100g浸泡20～30分鐘。當魚身緊實、魚眼濁白，表示鹽發揮了效果。

四 竹筴魚併排於竹篩上，置於通風處陰乾。竹篩下方放置磚頭或石頭斜放，有助於水氣揮發。待竹筴魚表面出現一層膜，可印上指紋時即告完成。

香烤魚乾與沙拉的完美組合

魚乾沙拉

材料（2人份）

魚乾…鹽漬青花魚等½片
西洋芹…¼根
水菜…¼根
胡蘿蔔…5 cm
醬油、醋…各1大匙
A 豆瓣醬…1小匙
芝麻油…3大匙
鹽、胡椒…各少許
白芝麻…1大匙

製作方法

1. 烤青花魚，去皮剝骨後撕成大片。西洋芹的葉切大片、莖切絲。水菜切大片、胡蘿蔔切絲。
2. A放入鍋內後點火，時時攪拌、充分加熱。
3. 將1裝盤，2畫圓倒入，撒上芝麻。

材料（2人份）

柳葉魚乾…6根
長蔥…⅓根
白醬…市售品150g
披薩用起司…40g
麵包粉…1大匙

製作方法

1. 蔥斜切1 cm厚、柳葉魚稍微烘烤。
2. 烤盤上鋪蔥、柳葉魚，淋上白醬、撒上起司與麵包粉。
3. 將2以烤箱烤約10分鐘，烤至微焦。

奶油焗烤柳葉魚

一點巧思化烤柳葉魚為西洋料理

與魚乾鹹味十分匹配的絕妙組合

奶油飯佐
魚乾番茄

材料（2人份）

魚乾…沙梭魚等1片
番茄…1個
洋蔥…¼個
A 醬油、醋…各1大匙
橄欖油…1½大匙
白飯…2碗
奶油…1大匙
胡椒…適量
羅勒…適量

製作方法

1. 沙梭魚烘烤、去皮、剔骨、撕成大片。
2. 番茄去皮、切成易入口大小。洋蔥以切片機切薄片、過鹽水後稍微擰乾。
3. 以平底鍋熱奶油、待奶油溶化後放入白飯翻炒。均勻上油後、撒上胡椒、熄火。
4. 將1、番茄、洋蔥裝盤、放拌勻的A、3、以手撕碎的羅勒做為裝飾。

適合熱天享用的宮崎縣夏季招牌料理

冷湯

材料（2人份）

竹筴魚乾…1小片
白芝麻…30g
味噌…2大匙
冷高湯…300㎖
嫩豆腐…⅓塊
小黃瓜…½根
青紫蘇…5片
蘘荷…1棵
冰塊…適量
大麥飯…2碗

製作方法

1. 竹筴魚烘烤、去皮、剔骨、撕成大片。
2. 白芝麻放入缽內研磨、再加味噌、1研磨、均勻倒入平底鍋煎至微焦、之後倒回缽內。輕輕研磨後加高湯稀釋、最後加碎豆腐、放入冰箱冷藏。
3. 小黃瓜切丁、抹鹽使其出水。青紫蘇切絲、蘘荷切丁。
4. 3加2拌勻、加冰塊、淋上大麥飯。

在地

克服炎熱的清爽滋味

近年宮崎縣的鄉土料理與冷湯廣為人知，主要原因是香氣四溢的味噌。除了平底鍋，請善用鑄鐵鍋輕鬆烹調。

34

各式種類

依乾燥程度分類

生乾（一夜乾）
保留部份水分，口感與風味佳。

本乾
完全乾燥，不保留水分。

依形狀分類

開乾
剖開後取出內臟的魚乾，有背開與腹開之分。

全乾
保留內臟，直接乾燥。

依製作方法分類

味醂乾
以味醂或醬油等調味料醃漬而成。

素乾
去除內臟與魚鰓後乾燥而成。

煮乾
先煮過再乾燥。

各式魚乾

柳葉魚
整隻鹽漬而成。帶有魚卵的「魚卵雌魚」特別受歡迎。主要產地為北海道。

竹筴魚乾
剖開、抹鹽並乾燥後仍保留水分。油脂恰到好處，容易食用。

出平鰈
以小型比目魚（包含鰈魚、鮃魚）整隻乾燥而成，仔細敲打後稍微烘烤即可食用。

金目鯛
剖開抹鹽、乾燥後仍保留水分。油脂適中、柔軟鮮甜。

顎燒乾
飛魚烘烤、乾燥而成。使用於製作湯品等料理的高湯。

鮭魚

原料：鮭魚

日本產地：北海道

熱量（約100g）：199kcal

營養成分：維生素D、維生素B₁

寒乾鮭

自古即深受日本人喜愛的魚類

鮭魚分佈範圍於日本本州的日本海沿岸一帶與太平洋北側的北方地區。餐桌常見鮭魚有七成為白鮭、王鮭、銀鮭與紅鮭。近年，日本市售鮭魚多仰賴進口。

日本有各式各樣保存鮭魚的方法，最為人所知的如下：「鹽乾鮭」，鮭魚切除下腹後抹鹽乾燥；「鮭冬葉」，鮭魚縱切成易入口大小，再經鹽漬、煙燻。上述保存方法皆能封存鮭魚的美味。

溫暖滑順的調味
鮭魚煮蕪菁

材料（2人份）

甘鹽鹽鮭…2片
蕪菁…2棵
胡蘿蔔…½根
昆布…4cm
水…500㎖
鮮雞粉…2小匙
酒…1大匙
鹽·胡椒…各適量

製作方法

1. 鮭魚去皮、剔骨，切3～4片。蕪菁去皮、切4等分，水煮備用。胡蘿蔔滾刀切。昆布切2cm塊狀。
2. 鮭魚放入不沾鍋，雙面煎至微焦。
3. 鍋內放蕪菁、胡蘿蔔、昆布、全部的水後轉中火。煮沸後加鮮雞粉、2、酒，蓋上蓋子，以中火再煮30分鐘左右。以鹽、醬油調味。

注意避免火勢過大
鹽漬鮭魚炒蛋

製作方法

1. 鮭魚去皮、剔骨，切1cm塊狀。
2. 鍋內放入A點大火。煮沸後加1，再次沸騰後倒蛋汁，以矽膠抹刀大力攪拌。鍋內湯汁變平坦柔後，加芝麻油快速攪拌，熄火。
3. 將2裝盤，以香菜裝飾。

秘訣 鹽漬鮭魚炒蛋

鹽漬鮭魚炒蛋以水煎法烹調，完全不加油，僅以少量的水拌炒。這樣一來，不僅可以降低熱量，也能使雞蛋變得鬆軟，十分推薦。

材料（2人份）

一般鹽鮭…1片
雞蛋…3個
A {
鮮雞粉…⅓小匙
熱水…150㎖
酒…1大匙
芝麻油…小許
}
香菜…適量

美味去鹽方法

鮭魚鹽分過高時，浸入含 1.5% 鹽分的鹽水去鹽。約 30 分鐘後即可去除鹽分。膨脹後即可烘烤。

鮭冬葉的食用方法

鮭冬葉只要沾上日本酒，即會膨脹、好撕。除了直接食用外，與蘿蔔嬰、辣味噌拌勻也很美味。

種類

寒乾鮭

知名產地新潟縣村上市的特產。鮭魚去除內臟、鹽漬約 10 天後去除鹽分，於寒風中乾燥而成。

鮭冬葉

鮭魚切半再縱切為棒狀、鹽漬、煙燻、乾燥而成。除了烘烤食用外，泡發後可作為昆布卷內餡。

鹽鮭

鹽鮭是鮭魚經處理後浸泡鹽水而成的製品，多切片販售，便於烹調。鹽分濃度較低的為甘鹽、濃度高的為辛鹽。請確認包裝標示，依照口味與料理選用。

令人想用來製作茶泡飯、三角飯糰

拌飯用鮭魚 常備

材料（易烹調分量）
一般鹽鮭…2 片
蕪菁葉…3 株
芝麻油…少許
A｜淡味醬油、酒、味醂…各少許

製作方法
1. 鮭魚雙面煎至微焦、去皮、剔骨。蕪菁葉切大片。
2. 以平底鍋熱芝麻油，乾炒蕪菁葉。
3. 把鮭魚、2 放入食物調理機拌勻，以 A 調味。

善用鮭魚鹹度的美味料理

鮭魚佐菠菜

材料（2 人份）
一般鹽鮭…2 片
菠菜…½ 把
高湯…300 ㎖
A｜淡味醬油、酒…各 2/3 大匙
　｜鹽…¼ 小匙

製作方法
1. 鮭魚切 4 等分。菠菜汆燙後瀝乾，切 4 ㎝條狀。
2. 鍋內放入高湯、鮭魚後點火。煮沸後撈起浮渣、加菠菜，再次沸騰後以 A 調味。

魚翅

尾鰭素乾

原料：鯊魚鰭
日本產地：宮城縣氣仙沼
熱量（約100g）：342kcal
營養成分：鐵、鋅

高級美肌食材

魚翅內含豐富膠原蛋白，養顏美容，是中華料理中的高級食材。魚翅以大型鯊魚鰭直接日曬而成。不同品種、部位的魚翅，價格亦大不相同。日本江戶時代，扇貝乾與海參乾為中國與日本之間重要的貿易品。目前，宮城縣氣仙沼產的魚翅，不僅在台灣與中國廣受歡迎，價格亦不菲。長時間熬煮魚翅雖然費時，彈牙的獨特口感卻會令人忍不住上癮。

材料（2 人份）

魚翅…散翅泡發 10g
雞蛋…2 個
A 雞骨高湯…250 ㎖
酒…1 大匙
醬油…½ 大匙
鹽、胡椒…各少許
芡汁…適量
鹽…少許

製作方法

1. 魚翅請參照 P39「散翅泡發方法」泡發、靜置。A 拌勻放入鍋內，加魚翅熬煮約 10 分鐘。
2. 蛋黃、蛋白分離。蛋白打至發泡，加鹽、打散的蛋黃拌勻。
3. 把 2 放入圓形容器清蒸。以竹籤戳刺，確認蛋液已經凝固。
4. 將 3 移至別的容器，淋上勾芡後呈濃稠狀的 1。

溫和的美味與口感
魚翅嫩蛋

祕訣 令排翅更加美味

多費工夫，能使排翅更貼近原始的色香味。首先，排翅與所附青江菜一同隔水加熱。以平底鍋熱沙拉油 2 大匙，翻炒 10cm長蔥與 1 片薑爆香後，加老酒 1 大匙。撈起長蔥與薑，放加熱過的排翅，點中火熬煮。與青江菜一同放入乾燥容器內，便能呈現原始的色香味。

散翅泡發方法

一　散翅以適量的水浸泡一晚。

二　散翅瀝乾，放入大碗，加長蔥綠色的部份、薑、老酒，大略蓋過材料，放入蒸籠蒸煮 2～3 分鐘，放上濾網，以水稍微沖洗。

種類

散翅

將纖維撕開的魚翅。相對於散翅，維持完整外型的魚翅稱為排翅。散翅較排翅價格低，適合入門者。

胸鰭素乾

素乾為胸鰭去皮、乾燥而成的製品。胸鰭較尾鰭柔軟，入口即化的口感頗受歡迎。

原鰭

鯊魚尾鰭帶皮直接乾燥的製品，稱為「原鰭」。市售品種多為藍鯊，日本最高級的品種為青鯊，特徵是纖維粗、肉厚。

挑選方法

請選擇表面漂亮、形狀大而完整的魚翅。

炒飯看起來更加飽滿
魚翅炒飯

材料（2 人份）

魚翅…散翅泡發 10g
長蔥…8 cm
白飯…2 碗
雞骨高湯…200 ㎖

A
├ 酒…1 大匙
├ 醬油…½ 大匙
└ 鹽、胡椒…各少許
芡汁…3 大匙
鹽、胡椒…各適量
沙拉油…1½ 大匙

製作方法

1. 魚翅請參照左側「散翅泡發方法」泡發、靜置。長蔥切丁。
2. A 倒入鍋內加熱，放魚翅熬煮 10 分鐘左右。
3. 平底鍋熱油，炒蔥，加白飯、鹽、胡椒，炒散後裝盤。
4. 將 2 勾芡，淋在 3 上。

濃稠的紅燒魚翅
魚翅湯

招牌

材料（2 人份）

魚翅…散翅泡發 10g
雞胸肉…80g
香菇…水煮 50g
雞骨高湯…500 ㎖

A
├ 醬油…½ 大匙
├ 砂糖…1 小匙
└ 酒…1 大匙
太白粉…少許
芡汁…適量

製作方法

1. 魚翅請參照左側「散翅泡發方法」泡發、靜置。香菇與雞胸肉切絲。雞胸肉抹上太白粉。
2. 鍋內放雞骨高湯、香菇、雞肉、魚翅熬煮。
3. 沸騰後撈起浮渣，以 A 調味。
4. 材料熟透後轉小火，以芡汁勾芡。

蝦乾

原料：蝦
日本產地：靜岡縣
熱量（約100g）：233kcal
營養成分：鈉、鉀、鈣

櫻花蝦

體型雖小，美味與營養豐富

櫻花蝦為直接水煮後乾燥，無需泡發即可直接食用的乾貨，是靜岡縣駿河灣的特產。因自然日曬乾燥，呈櫻花色，故得此名。櫻花蝦是大阪燒、油炸料理的常見食材。此外，中華料理經常使用蝦米，偏中小型。此外，價格卻與大型蝦不相上下。不論何種蝦乾，皆能令人充分享受蝦的美味。

簡化調味料
蝦米炒蘆筍

材料（2人份）
蝦米…3 大匙
蘆筍…6 根
A
蒜末…½ 小匙
芝麻油…1½ 大匙
酒…1½ 大匙
B
鹽…½ 小匙
胡椒…少許

製作方法
1. 蝦米切末、蘆筍去除根部後斜切。
2. 平底鍋內放 A 後點火、爆香，加蝦米快炒。放蘆筍炒至變色，倒酒。待酒精揮發，以 B 調味。

餘韻無窮的酸味
黑醋蝦米雞肉

材料（2人份）
蝦米…25g
雞腿肉…½ 塊
松子…25g
沙拉油…1 大匙
A
酒…2 大匙
黑醋…1½ 大匙
味醂…1 大匙
鹽…適量

製作方法
1. 雞肉切成易入口大小，先抹少許鹽入味。乾炒松子。
2. 平底鍋內放沙拉油、蝦米後點火爆香，加雞肉翻炒。待雞肉變色，加 A 蓋上蓋子，以小火煮 15 分鐘後以鹽調味，最後加松子拌炒。

泡發方法

一　蝦米放入濾網以水清洗，去除髒汙。

二　以稍微蓋過蝦米的冷水或溫水浸泡。

三　加水靜置。若蝦殼與腳尚未去除，請仔細剔淨。

種類

櫻花蝦
分為水煮後日曬乾燥、直接日曬乾燥兩種，是靜岡縣駿河灣的特產。

姬蝦
德島縣稱呼虎蝦為姬蝦，通常是直接日曬乾燥而成。

蝦子
芝蝦或河蝦去除頭部與殼，以鹽水汆燙後乾燥而成。在中國用來製作高湯。

蝦米燉芋頭
品嚐蝦米的獨特鮮味

材料（2人份）

芋頭⋯中型 6 個
長蔥⋯½ 根
A 蒜末⋯1 小匙
　芝麻油⋯1 大匙
　蝦米末⋯2 大匙
B 薑末⋯1 大匙
　蔥末⋯½ 根分量
　水⋯200 ㎖
C 鮮雞粉⋯2 小匙
　紹興酒（或清酒）⋯3 大匙
鹽、胡椒⋯各少許

製作方法

1. 芋頭去皮、滾刀切大塊。長蔥切細絲。
2. 鍋內放入 A 後點火、爆香後加 B 及芋頭拌炒。加 C 煮沸轉小火，稍微蓋上蓋子，煮至芋頭變軟。
3. 以鹽、胡椒調味，加蔥後熄火。

櫻花蝦起司豆腐
適合搭配紅酒的下酒菜

簡易

炸豆腐對半切四塊，每一塊抹少許橄欖油，並放上大小適中卡門貝爾起司、撒了 ½ 小匙酒的櫻花蝦 2 匙。放入烤箱烤至微焦。

祕訣　輕鬆製作櫻花蝦起司土司！

只要放上櫻花蝦以烤箱烤即可完成的簡易下酒菜。除了炸豆腐，搭配法國吐司也很美味。櫻花蝦、起司皆富含鈣質，就營養價值而言，是相當優秀的組合。

魷魚

古時作為神供品，
現為下酒佳餚

日本自室町時代起，便有剖開鰑烏賊、槍烏賊，取出內臟後乾燥，製作魷魚乾的習慣。當時並非提供食用，而是作為供品，因此魷魚乾的存在極具價值。此習慣承襲至今，仍是正月裝飾、訂婚聘禮的重要元素。魷魚乾除了直接撕取食用，還可切絲與昆布一同以醬油醃漬，名為「松前漬」。此外，魷魚乾有撕開使其入味的「裂魷魚」、切絲的「魷魚絲」等各種形狀。

原料：魷魚
日本產地：北海道、青森縣、岩手縣
熱量（約100g）：334kcal
營養成分：蛋白質、牛磺酸

魷魚乾

魷魚變身高湯主角
魷魚豆子湯

材料（2人份）
乾燥魷魚…25g
洋蔥…¼ 個
綜合豆子
　…水煮 100g
水…300 ㎖
牛乳…50 ㎖
A｛
味噌…1 小匙
奶油…1 大匙
鹽、胡椒…各少許

製作方法
1. 在一個耐熱容器裡放魷魚和全部的水，蓋上保鮮膜放入微波爐加熱3分鐘。撈起魷魚切絲。浸泡魷魚的水備用。洋蔥切丁。
2. 鍋內熱適量奶油（未含於材料表中）。奶油溶化後放魷魚、洋蔥、瀝乾的綜合豆子快炒。加浸泡魷魚的水，煮沸後撈起浮渣，以A調味。

特殊組合
簡易 胡蘿蔔
魷魚絲煎餅

碗內放 30g 糯米粉（白五粉），100㎖水分次加入拌勻，再加少許鹽、蛋汁½個、麵粉50g拌勻。加入烏賊絲（2把共15g）與胡蘿蔔絲（½根）拌勻，連同少許芝麻油倒入充分熱鍋的平底鍋上……煎炸雙面……醬油、醋、芝麻油各適量拌勻製成醬汁。

無法停止的好口感

魷魚漬蔬菜

材料（2人份）
乾燥魷魚…15g
乾燥昆布…10g
蕪菁…3 株
胡蘿蔔…⅓ 根
小黃瓜…1 根
淡味醬油…1 大匙

製作方法
1. 昆布與魷魚泡發、切絲。
2. 蕪菁、胡蘿蔔、小黃瓜磨泥。蕪菁與小黃瓜磨泥後需稍微瀝乾。
3. 碗內放 1 與 2，以淡味醬油調味。放入冰箱可保存 2～3 天。

醬油高湯醃製而成的
福島縣冬季鄉土料理

魷魚胡蘿蔔

材料（易烹調分量）
魷魚…軀幹、乾燥 4 片
胡蘿蔔…4 根
酒…適量
A 醬油、味醂、酒…各 200 ㎖

製作方法
1. 魷魚剝皮，以廚房剪刀剪 3mm 絲狀，以酒浸泡、靜置一晚。胡蘿蔔切 8 ㎝長、3mm 寬的絲狀，汆燙備用。
2. A 倒入鍋內，沸騰後倒入耐熱容器。冷卻後放入 1 醃漬 2～3 天。放入冰箱可保存 1 週左右。

彈牙有勁

燉魷魚

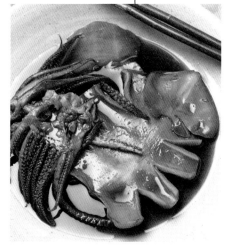

在地

祭典名產燉魷魚

茨城縣與栃木縣的祭典攤販會販售「燉魷魚」。以小蘇打水泡發、熬煮，魷魚膨脹的程度將超越原本的想像。若無小蘇打水，也可使用碳酸水。

材料（易烹調分量）
魷魚…2 尾
A 水…1.3 ℓ
  小蘇打…20g
  水…100 ㎖
B 醬油、味醂
  …各 3 大匙
  砂糖…1 大匙

製作方法
1. 魷魚軀幹左右兩端以剪刀剪約 3 ㎝深的開口。大鍋內加入 A 拌勻，放魷魚靜置 1 晚。取出魷魚在水中剝皮，拭乾水分。
2. 鍋內放 B 後點火，稍微煮沸後加入魷魚煮至入味。若魷魚加熱後捲起，可用容器壓平。

種類

魷魚乾
魷魚日曬乾燥之製品。全國各地魷魚乾因種類、製法不同，名稱也各不相同。

裂魷魚
魷魚乾撕成絲、調味而成。分為較硬之帶皮魷魚絲、較軟之去皮魷魚絲。

挑選方法

請選擇完整、肉厚的魷魚。表面覆蓋白色粉末為佳。

干貝

原料：扇貝
日本產地：北海道、青森縣
熱量（約100g）：322kcal
營養成分：鉀、鈣、鋅

干貝

勝過生食的美味寶庫

扇貝經烹調、乾燥，在中國稱為「干貝」，是相當重要的食材。日本自江戶時代起向中國出口干貝，現今產量95%以上輸往台灣與中國。然而，目前日本市售製品多為產自中國的平貝與板屋貝。干貝多用於湯品、蒸煮或鹹粥。浸泡半天至1天可製作美味高湯。

祕訣 XO 醬

XO 醬是 1980 年代香港半島酒店主廚開發的調味料，為融合干貝、蝦米、金華火腿等十數種食材與調味料的奢華製品。除了使用於中華湯品，也可增添雞蛋拌飯的風味。

以芝麻油覆蓋表面利於保存
干貝XO醬

材料與製作方法（易烹調分量）

碗內放干貝 5 個、蝦米 40g、乾香菇 2 朵、以水 100 ㎖ 浸泡半天。材料切絲，泡發材料的水備用。鍋內放醬油、酒各 2 大匙、味醂 1 大匙、醋 1 大匙、白芝麻粉 1 大匙、浸泡的材料，加泡發干貝的水煮 7～8 分鐘。※以芝麻油覆蓋表面，放入密封罐保存。

常備

以微波爐製作中華風熱沙拉
香菇干貝沙拉

材料（易烹調分量）

香菇…2 朵
鴻喜菇、金針菇
　　…各 ½ 袋
干貝
　　…泡發剝絲 2～3 個
泡發干貝的水…1 大匙
A 醬油…1 大匙
鹽…少許
酒…1 大匙
芝麻油…1 大匙

製作方法

1. 去除香菇、鴻喜菇、金針菇根部，撕成易入口大小。
2. 將 1 與拌勻的 A 放入耐熱容器，蓋上保鮮膜，以微波爐加熱 2～3 分鐘

泡發方法

一 以水去除縫隙中的髒汙。注入水蓋過材料，靜置 20 分鐘。

二 約半天至 1 天，待干貝膨脹。若時間較趕，可直接加水蒸煮。

三 干貝基本上以手剝絲。泡發干貝的水富含美味，可製作高湯，請勿丟棄。

種類

干貝
扇貝柱以鹽水煮熟、乾燥。北海道產干貝為高級製品。

干貝粉
高湯用干貝粉，含扇貝、鱈魚成分。

挑選方法

請選擇經充分乾燥、帶透明感、肉身完整無缺塊者。

善用干貝，
製作華麗的洋蔥料理

奶油煮干貝

材料（2 人份）

干貝…泡發剝絲 4 個
萵苣…12 片
奶油…2 大匙
低筋麵粉…2 大匙
牛乳…200 ㎖
A ┌ 鮮雞粉…½ 小匙
　│ 熱水…100 ㎖
　└ 泡發干貝的水…50 ㎖
芝麻油…少許
粗粒黑胡椒…少許

製作方法

1. 鍋內熱奶油，奶油溶化後加低筋麵粉翻炒，分次加牛奶，再加干貝與 A。略呈濃稠狀後，加以手撕碎的萵苣、芝麻油。

2. 裝盤，撒上粗粒黑胡椒。

口感滑順

干貝蘿蔔湯

材料（2 人份）

干貝…1 個
白蘿蔔…70g
溫水…50 ㎖
中式高湯…400 ㎖
A ┌ 酒…½ 大匙
　└ 鹽、胡椒…各少許
芝麻油…少許
鴨兒芹…少許

製作方法

1. 干貝以全部的溫水泡發、剝絲。泡發干貝的水備用。白蘿蔔切塊稍微汆燙。

2. 鍋內放中式高湯煮沸，加 1 煮至白蘿蔔變軟。以 A 調味，淋上芝麻油。

3. 將 2 裝盤，撒上以手撕碎的鴨兒芹。

烏魚子

原料：烏魚卵巢
日本產地：長崎縣
熱量（約100g）…423kcal
營養成分…維生素A、維生素D、鋅

費工的
高級海味

烏魚卵巢經洗淨、鹽漬、去除鹽分與乾燥後即為烏魚子。製作品質優良的烏魚子費時費力。因外型與中國唐朝的硯台相似，因此日文稱烏魚子為「唐墨」（Karasumi）。烏魚子為長崎縣特產，年末的日曬作業猶如冬季獨特風光而為人所知。儘管日本視烏魚子為高級品，義大利的烏魚子卻是義大利麵等庶民料理的常見食材。除烏魚外，義大利也會使用金槍魚製作，稱為「Bottarga」。

簡單呈現餘韻無窮的好滋味

烏魚子義大利麵

材料（2人份）

烏魚子…10g
義大利麵條…160g
蘿蔔嬰…½ 袋
大蒜…½ 瓣
乾燥紅辣椒…1 根
橄欖油…1 大匙

製作方法

1. 大蒜切片，切開紅辣椒去除辣椒子。烏魚子浸泡在酒中（未含於材料表中），表面變色後煎烤。
2. 義大利麵條依照包裝指示水煮。平底鍋內放大蒜、紅辣椒、橄欖油後點火，大蒜香氣散發出後熄火。
3. 義大利麵條煮熟、瀝乾後放入 2 中，拌勻裝盤。撒上烏魚子泥、擺上蘿蔔嬰。

突顯烏魚子原味之配菜

菜豆烏魚子沙拉

材料（2人份）

烏魚子…10g
白菜豆
　…煮熟150g
洋蔥…¼ 個
橄欖油、紅酒醋
　…各1 大匙
粗粒黑胡椒…適量

製作方法

1. 洋蔥以切片機切片，沾鹽水，稍微擠乾。以磨泥器粗削烏魚子。
2. 碗內放白菜豆、洋蔥，加 A 拌勻。
3. 將 2 裝盤，撒上粗粒黑胡椒，擺上烏魚子。

蔬菜

乾燥蔬菜
將營養與美味濃縮起來
呈現驚人的美味！
烹調手法隨心所欲。

乾燥蘿蔔

乾燥蘿蔔

原料：白蘿蔔
日本產地：宮崎縣（細蘿蔔乾、粗蘿蔔乾）、長崎縣（熟蘿蔔乾）
熱量（約100g）：279kcal
營養成分：鉀、鐵、食物纖維

粗蘿蔔乾

充滿鄉土風情的典型乾燥蔬菜

日本室町時代就有在寺院食用乾燥蘿蔔的記錄。現在主要產地為宮崎縣、岡山縣、德島縣，而市面上販售的製品大多都是將蘿蔔切細、乾燥而成。不過，各地的蘿蔔品種、加工過程、切細手法都不同。乾燥後的蘿蔔帶有甜味與獨特口感，以水泡發之後，可使用於熬煮、醋漬與沙拉等料理。

Q彈的口感真棒！ ## 蘿蔔蝦餅

材料（2人份）

細蘿蔔乾…泡發 50g
青紫蘇…5 片
櫻花蝦…12g
A 白玉粉…100g
水…100 ㎖
芝麻油…少許
B 醬油、醋、芥子醬…適量

製作方法

1. 細蘿蔔乾切成 3～4 ㎝長的段狀。青紫蘇切絲。
2. A 放入碗內拌勻，加 1 繼續攪拌，做成薄而直徑約 5 ㎝的圓形。
3. 以平底鍋熱芝麻油，加 2，兩面煎至微焦。
4. 將 3 裝盤，佐拌勻的 B 品嘗。

清爽的義式沙拉 ## 蘿蔔番茄沙拉

材料（2人份）

細蘿蔔乾…泡發 100g
乾燥番茄…1 個
橄欖油…1 大匙
A 蒜泥…1 瓣
檸檬汁…1 顆份
乾燥羅勒…少許

製作方法

1. 乾燥番茄切小塊，以拌勻的 A 浸泡。
2. 細蘿蔔乾切成長 3～4 ㎝的段狀，與 1 拌勻，撒上乾燥羅勒

祕訣 ### 乾燥番茄沙拉

乾燥番茄是義大利料理常用食材，經常使用於義大利麵、燉飯，也十分適合用來搭配沙拉。每種製品的乾燥程度不同，如果覺得稍硬，請以溫水泡發後再使用。

讓筷子停不下來的美味
泰式炒蘿蔔

材料（2人份）

細蘿蔔乾
　　…泡發 100g
豆芽菜…100g
大蒜…1 瓣
香菜…1 株
A ｜ 魚露…1 大匙
　｜ 檸檬汁…2 大匙
　｜ 水…1 大匙
　｜ 砂糖…1 小匙
　｜ 芝麻油…適量

製作方法

1. 細蘿蔔乾切 3～4 ㎝長。大
　 蒜切薄片、香菜切小段。
2. 以平底鍋熱芝麻油，大蒜爆
　 香後，以細蘿蔔乾與拌勻的
　 A 調味，放豆芽菜輕輕翻炒
　 後熄火。
3. 將 2 裝盤，撒上香菜。

沒有肉也能如此鮮甜
蘿蔔蔬菜咖哩

材料（2人份）

細蘿蔔乾…泡發 50g
馬鈴薯…1 個
洋蔥…½ 個
番茄…1 個
沙拉油…適量
麵粉…2 大匙
水…400 ㎖
A ｜ 醬油…2 大匙
　｜ 咖哩粉…1½ 大匙
　｜ 蠔油…½ 小匙
　｜ 白飯…2 碗

製作方法

1. 細蘿蔔乾切 3～4 ㎝長。馬鈴薯、洋蔥、番茄
　 切成易入口大小。
2. 以平底鍋熱沙拉油，翻炒馬鈴薯、洋蔥與番
　 茄。待洋蔥變透明，加麵粉繼續拌炒。
3. 加等量的水、細蘿蔔乾，沸騰後蓋上蓋子以小
　 火煮，待蔬菜變軟後加入 A，再煮 3～4 分鐘。
4. 裝飯，淋上 3。

充足利用泡發乾燥蘿蔔的水

蘿蔔奶油濃湯

材料（2人份）

細蘿蔔乾
　…泡發 120g
乾燥蘿蔔…3g
橄欖油
　…1½ 大匙
A ┌ 罐頭高湯…400 ㎖
　│ 泡發乾燥蘿蔔的水
　│ 　…200 ㎖
　└ 鹽、胡椒…各少許
B ┌ 味噌…1 大匙
　└ 帕馬森乾酪…1 大匙
炸油…適量
奶油…20g

製作方法

1. 泡發的細蘿蔔乾切 3～4 ㎝長。乾燥的細蘿蔔乾以低溫炸至呈金黃色。
2. 以鍋熱奶油，奶油溶化後翻炒 1 泡發的細蘿蔔乾。放入 A 蓋上蓋子，以小火煮約 10 分鐘。
3. 將 2 放入食物調理機打成糊狀，放回鍋內，加 B 調味。
4. 將 3 裝盤，以 1 炸好的細蘿蔔乾裝飾，最後淋上橄欖油。

享受食材的美味

蘿蔔
煮火腿

材料（2人份）

粗蘿蔔乾
　…泡發 200g
成塊熟火腿…160g
A ┌ 高湯…500 ㎖
　│ 鹽…¼ 小匙
　│ 薑…1 薄片
　└ 大蒜…1 瓣壓碎
沙拉油…2 大匙
粒狀黃芥茉…適量

製作方法

1. 粗蘿蔔乾切 4 ㎝長、火腿切稍寬的長條狀。
2. 以鍋熱沙拉油，放火腿煎至變色。加粗蘿蔔乾翻炒。加 A 煮熟後轉中偏小火，時時撈起浮渣，煮 15 分鐘。
3. 將 2 裝盤，佐粒狀黃芥茉享用。

簡易

醋漬蘿蔔佐芝麻

泡發的細蘿蔔乾80g煮熟後，放在濾網上瀝乾，冷卻備用。白芝麻醬 1½ 大匙、醋 1 大匙、砂糖 ½ 大匙、淡味醬油少許，與切成易入口大小的細蘿蔔乾拌勻。

泡發方法

一　放入充足的水中,輕輕搓洗,去除表面的髒汙。

二　以手撈起按壓,迅速去除水分,避免細蘿蔔乾的風味消失。

三　換水浸泡約 15 分鐘。水不需要太多,適量即可。

 20g　　 80g

4 倍

以水清洗,以適量的水浸泡 15 分鐘。

挑選方法

請選擇充足乾燥、顏色自然的製品,避免選擇顏色過暗,甚至出現黑斑的製品。

不需要泡發也 OK

如果是細蘿蔔乾,即使不泡發,也可直接使用。細蘿蔔乾富含甜味與風味,因此不需要高湯,即可迅速製作 1 人份的味噌湯。

以細蘿蔔乾取代高湯
立刻就能享用的
蘿蔔豆腐皮味噌湯

簡易

材料與製作方法(1 人份)
細蘿蔔乾(乾燥)5g,以水清洗,切 3～4 cm長後淋上熱水去油,與 ¼ 片切成細絲的油豆腐皮放入 150 ㎖的水中,點火煮沸。煮沸後轉小火,再煮約 2 分鐘,溶入 1 大匙味噌。最後撒上蔥花。

招牌

令人懷念的滋味
蘿蔔雜燴

材料(2 人份)
細蘿蔔乾…泡發 200g
炸魚板…1 片
A 高湯…250 ㎖
酒…1 大匙
鹽…½ 小匙
砂糖…1 小匙
醬油…½ 大匙

製作方法
1. 細蘿蔔乾切 3～4 cm長,炸魚板切 2mm 寬。
2. 鍋內放 A,煮沸後加入 1,再次煮沸後蓋上木蓋。時時攪拌,煮約 20 分鐘至湯汁幾乎收乾。

保留細蘿蔔乾的口感
炒蘿蔔

材料（2人份）

細蘿蔔乾…40g
豬肉片…150g
長蔥…½ 根
胡蘿蔔…½ 根
高麗菜…1/8 個
醬油…1 小匙
芝麻油…1 大匙
水…300 ㎖
蠔油…1½ 大匙

製作方法

1. 細蘿蔔乾以水清洗，切3～4㎝長。
2. 豬肉切成易入口大小，以醬油揉捏。長蔥斜切、胡蘿蔔切 3 ～ 4 ㎝ 的條狀、高麗菜切細。
3. 以平底鍋熱芝麻油，加 2 仔細翻炒，再加 1 繼續翻炒。
4. 將 3 加水蓋上蓋子蒸，待胡蘿蔔變軟後，加蠔油拌炒。

充滿乾貨的鮮甜美味
蘿蔔干貝拌飯

材料（易烹調分量）

細蘿蔔乾
　　…泡發 100g
干貝乾
　　…泡發剝絲 2 個
泡發干貝的水…50 ㎖
白米…2 合
油豆腐皮…1 片
A{
高湯…350 ㎖
酒…1½ 大匙
醬油…1½ 大匙
鹽…1 小匙
}

製作方法

1. 白米清洗後與拌勻的 A 放入泡發干貝的水中，靜置 30 分鐘以上。細蘿蔔乾切 2 ～ 3 ㎝長、油豆腐皮切半再切成 3mm 寬，淋上熱水去油。
2. 干貝與 1 所有材料放入電鍋內，加醬油與鹽以一般方法炊煮。

燙蘿蔔乾（長崎縣）

也稱為「涮蘿蔔」，切塊、汆燙後乾燥而成。具有甜味與口感。

花蘿蔔乾（岡山縣）

各地有「花蘿蔔乾」之稱的細蘿蔔乾不同，岡山縣將切成薄片的粗蘿蔔乾稱為「花蘿蔔乾」。

蘿蔔縱向撕開，吊掛乾燥。日本岡山縣會將粗蘿蔔乾切成薄片，以醬油、醋醃漬。

粗蘿蔔乾

蒸蘿蔔乾

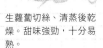

生蘿蔔切絲、清蒸後乾燥。甜味強勁，十分易熟。

花蘿蔔乾（德島縣）

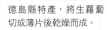

德島縣特產，將生蘿蔔切成薄片後乾燥而成。

細蘿蔔乾

日本市面上最常見的製品，蘿蔔刨成細絲後自然乾燥而成。亦有「蘿蔔絲」之稱。

凍蘿蔔

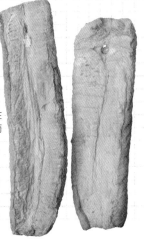

蘿蔔適度切塊後吊掛在屋簷等處，結凍乾燥而成。又稱「冰蘿蔔」。

乾燥蔬菜

在家裡
也能輕鬆享用
蔬菜的濃郁美味

自古以來，日本家庭就會製作乾燥蔬菜易於保存。身處四季都能取得蔬菜的現代，人們逐漸淡忘了乾燥蔬菜。然而乾燥蔬菜能提升料理的美味，可千萬別錯過。若乾燥不是為了保存，可以依照個人喜好選擇乾燥程度。切開、乾燥後的蔬菜可以迅速烹調、縮短加熱時間，十分便利。

有別於市售商品的美味

太陽蛋佐
乾燥番茄與培根

材料（2人份）

乾燥迷你番茄…8～10個
　（參考 P55，切成一半，
　撒鹽日曬至表面乾燥、
　果實縮小）
雞蛋…2 個
培根…3 片
奶油…1 大匙
水…少許
粗粒黑胡椒、鹽…各少許

製作方法

1. 以平底鍋熱奶油，放培根與雞蛋。再放入番茄、等量的水後蓋上蓋子。
2. 雞蛋半熟後立即熄火，撒上鹽、胡椒享用。

洋蔥加熱後甜味 UP!

洋蔥排

材料（2人份）

乾燥洋蔥…1 個
　（參考 P55，切成 1 cm厚的
　片狀，以水煮約 30 分鐘。
　徹底去除水分後，日曬半天
　左右）
奶油…3 大匙
醬油…1/2 大匙
胡椒…適量

製作方法

1. 平底鍋點中火，加熱一半的奶油。奶油溶化後，洋蔥併排放入，煎至兩面變色。淋上醬油後熄火，最後撒上胡椒，裝盤。
2. 以平底鍋熱剩餘的奶油，淋在 1 上。

製作方法

一　蔬菜切薄一些，乾燥起來會更迅速、確實；切厚一些，能夠保留濕潤度，或者事後得以烘烤享用。番茄、小黃瓜等水分較多的蔬菜，建議先撒鹽。將蔬菜併排在竹篩上，在通風良好之處自然乾燥。

二　即使僅有表面乾燥，半乾燥蔬菜也擁有不同的風味與口感。待水分去除、蔬菜萎縮後，口感扎實、風味濃郁。乾燥所需時間因氣候、季節而不同，請時時觀察、確認。

確實乾燥的番茄會產生驚人的甜味，適用於熬煮與湯品。香菇的乾燥所需時間不長，初次嘗試的人也能成功。

香菇的口感會讓人上癮

香菇炒飯

材料（2人份）

依照個人喜好製作而成的乾燥香菇（參考左方「製作方法」）…30g
白米…1合
溫水…150 ㎖

A｜橄欖油…½ 大匙
　｜洋蔥末…¼ 個分量
　｜薑末…1 片分量

B｜番茄糊…½ 大匙
　｜酒…50 ㎖
　｜醬油…1 大匙
　｜鹽…⅓小匙

製作方法

1. 乾燥香菇以等量的溫水泡發，去除水分後撕成絲。泡發香菇的水備用。
2. 以平底鍋熱橄欖油，翻炒 A 爆香，加 B。沸騰後熄火，加乾燥香菇冷卻。將食材與湯汁分開。
3. 把泡發香菇的水加進 2 的湯汁至 200 ㎖。
4. 將洗好的米與 2 的食材放進電鍋，注入 3 炊煮。最後放上蔥絲等裝飾。

可以用豆瓣醬增加辣度◎

茄子冷麵 辣味

材料（2人份）

乾燥茄子絲（參考左方的「製作方法」）…1 根分量
小黃瓜…1 根
長蔥…8 ㎝
中華麵…2 袋

A｜溫水…400 ㎖
　｜砂糖…少許

B｜芝麻油…1 大匙
　｜紅辣椒圈…1 根分量
　｜醋…3 大匙

C｜醬油…4 大匙
　｜砂糖…4 小匙
　｜水…250 ㎖

製作方法

1. 乾燥茄子以 A 浸泡約 30 分鐘，瀝乾後切絲。小黃瓜、長蔥切絲，長 4 ㎝。
2. 將 1、B 放入碗內拌勻。
3. 中華麵依照包裝指示煮熟，以冰水仔細沖洗後瀝乾。
4. 將 3 裝盤，擺上 2、淋上拌勻的 C。

干瓢

原料：瓠子
主要進口地：中國
熱量（約100g）：261kcal
營養成分：鉀、鐵、鋅、錳、食物纖維

漂白干瓢

擁有口感與甜味的美容食材

干瓢有兩種，一是將削成薄而長的瓠子果肉，自然乾燥而成、二是以硫磺燻蒸、漂白後乾燥而成。據說瓠子源自北非，16世紀由僧侶經中國傳至日本。日本栃木縣的干瓢十分有名，但市面上約有9成製品來自中國。干瓢除了調甜味，使用於捲壽司或五目壽司外，也可用來製作熬煮料理與味噌湯等。

推薦寒冷季節享用

奶油焗烤干瓢

材料（2人份）

干瓢…泡發100g
洋蔥…½個
培根…2片
雞蛋…2個
鮮奶油…100 ㎖
牛奶…50 ㎖
鹽、胡椒…各適量
比薩用起司…40g
奶油…適量

製作方法

1. 干瓢、培根切成易入口大小。洋蔥切薄片。
2. 以平底鍋翻炒洋蔥、培根，稍微冷卻備用。
3. 雞蛋、鮮奶油、牛奶放入碗內拌勻，加⅓的起司、干瓢、2，再加鹽、胡椒。
4. 以奶油塗抹耐熱容器，把3與剩餘的起司放入，以180℃烤約20分鐘，烤至微焦即可。

秘訣 **以微波爐泡發**

分量不多時以微波爐泡發也無妨。干瓢抹鹽後加等量熱水，以微波爐加熱即可，十分方便。請依照個人喜好硬度調整加熱時間。

3種都好吃得讓人上癮

3種干瓢捲壽司

材料（易烹調分量）

干瓢…泡發130g
壽司飯…2合分量

A
醬油…1½大匙
臭橙（或酢橘）汁…50 ㎖

B
醬油…½大匙
梅肉…2個

C
醬油…1½大匙
大蒜…1瓣
紅辣椒…1根

烘烤海苔…3張

製作方法

1. 干瓢依照海苔寬度切成3等分，分別以A、B、C醃漬1～2小時入味。
2. 將海苔放在捲簾上，鋪上一層薄薄的壽司飯，保留最後2cm。將瀝乾的A干瓢放在壽司飯中央，自靠近身體的一端開始捲起。B干瓢、C干瓢亦同。

泡發方法

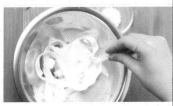

一　稍微浸過水的干瓢撒鹽，搓揉至變軟。

二　以水清洗，去除鹽分。以手指讓干瓢攤開、清洗。

三　以鍋子將水煮沸，加二再沸騰2～3分鐘。試著以指甲將干瓢撕開，確認是否已經泡發。

15g　　　　　　108g

約 **7** 倍

以鹽搓揉後清洗、汆燙，依照個人喜好調整硬度。

挑選方法

漂白干瓢
以較厚、較寬且呈現乳白色為佳。
呈現黃色表示干瓢不再新鮮，最好避免。

無漂白干瓢
以較厚、較寬且呈現焦糖色為佳。

享受爽脆口感
干瓢沙拉

材料（2人份）

干瓢…泡發 200g
洋蔥…小型 1 個
小黃瓜…1 根
胡蘿蔔…¼ 根
A {
檸檬汁…1 小匙
美乃滋…2 大匙
芥子醬…1 小匙
鹽…適量

製作方法

1. 干瓢切 3 cm長，抹上 ½ 小匙鹽、淋上檸檬汁。洋蔥切薄片、小黃瓜切細條，均抹鹽去除水分。胡蘿蔔切絲。
2. A放入碗內攪拌，再加入1拌勻。

材料（2人份）

干瓢…泡發 70g
乾燥香菇
　…泡發 4～5 片
A {
高湯…200 ㎖
泡發香菇的水…100 ㎖
醬油、砂糖…各 3 大匙
味醂…1 大匙

製作方法

1. 干瓢切 8 cm長。香菇去頭，切薄片。
2. A放入鍋內，煮沸後加 1，以中偏小火煮至湯汁幾乎收乾。

招牌

吃幾次都不會膩的美味
干瓢雜燴

種類

未漂白干瓢
由於未經漂白，顏色自然。比漂白干瓢容易煮熟，且帶有甜味。價格比漂白干瓢高。

漂白干瓢
經硫磺燻蒸、漂白而成的製品，常見於市面。顏色漂亮，耐得住長時間熬煮。

番薯乾

原料：番薯
日本產地：茨城縣、靜岡縣（蒸熟後乾燥）
九州（煮熟後乾燥、生番薯直接乾燥）
熱量（約100g）：303kcal（蒸熟後乾燥）
營養成分：鉀、維生素C

切片乾燥番薯

甜味濃縮的最佳點心

一般的番薯乾多經蒸熟、切片與乾燥，又稱「乾燥番薯」。日本產地以茨城縣、靜岡縣最為有名。一開始製作番薯乾，是為了避免番薯在運送過程中受傷，而各地製作番薯乾的方式不同，有些地區是煮熟後乾燥或直接乾燥。番薯乾可以直接食用，但使用於料理中將更添風味。切細後做成點心或沙拉也很美味。

多花一些心思提升美味！
番薯乾佐巧克力

材料（2人份）
番薯乾…2～3片
板狀巧克力…1½片

製作方法
1. 以手將番薯乾撕成寬1cm的條狀，板狀巧克力沿著溝切成小塊。
2. 巧克力放入耐熱容器中，以微波爐加熱（600w微波爐約熱70秒）。取出後，立即用塑膠抹刀攪拌。
3. 將番薯乾浸入2約一半高度，放在烤盤紙上冷卻、凝固。

十分適合當做早餐或點心
番薯乾吐司

材料（2人份）
塊狀番薯乾…1～2根
吐司麵包…2片
常溫奶油…2大匙
砂糖…1小匙
乳瑪琳…適量
肉桂糖粉…適量

製作方法
1. 番薯乾切1.5cm塊狀，與A拌勻。
2. 吐司麵包塗抹乳瑪琳，放上1，撒上肉桂糖粉。以烤箱烤至微焦。

材料（2人份）
切片番薯乾…2～3片
豬肉…150g
鹽…少許
沙拉油…適量
酒…1大匙
A 醬油…1小匙
鹽、胡椒…各適量

製作方法
1. 番薯乾沿纖維切8mm寬。
2. 豬肉攤平、撒鹽，把1捲起來。
3. 以平底鍋熱沙拉油，將捲好的2併排在鍋內。加酒後蓋上蓋子，蒸熟後以A調味。

突顯溫和的甜味
番薯乾排骨

芋莖

原料：番薯莖的葉梗

日本產地：山形縣、宮城縣（紅梗）、德島德、高知縣（綠梗）

熱量（約100g）：246kcal

營養成分：鉀、鈣、食物纖維

冬季用處多多的乾燥蔬菜

芋莖主要是以芋頭的葉梗（莖）乾燥而成，又稱「芋柄」。起初人們製作芋莖料理，是為了在葉菜類產量較少的冬季，以芋莖做為蔬菜的替代品。爾後除了一般芋頭，人們也會使用其他品種的芋頭製作芋莖。葉梗是綠色的稱為「綠莖」，八頭芋、唐芋等葉梗是紅色的則稱為「紅莖」。乾燥程度也不一定相同，每一種芋莖都具有獨特的口感。適合熬煮、湯品、拌炒、醃漬等各種烹調方法。

綠莖

傳統的美味
芋莖味噌湯

材料（2人份）

芋莖…泡發 20g
芋頭…2 個
油豆腐皮…½ 片
長蔥…¼ 根
高湯…400 ㎖
味噌…1½ 大匙

製作方法

1. 芋莖切 5 ㎝長。芋頭去皮、滾刀切成塊，煮熟備用。油豆腐皮切 1 ㎝寬，淋上熱水去油。長蔥切細。

2. 鍋內放高湯，煮沸後加芋頭煮 1～2 分鐘。加入油豆腐皮、味噌、長蔥，再煮一下即可。

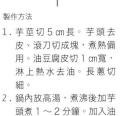

解膩聖品
醋拌芋莖小黃瓜

材料（2人份）

芋莖…泡發 100g
小黃瓜…1 根
A ┤果醋…適量
　一味唐辛子…適量
　研磨白芝麻…1 大匙

製作方法

1. 芋莖切 5 ㎝長、小黃瓜縱切後切薄片。

2. 1 放入碗內，以 A 調味。

泡發方法

以流動的清水去除髒汙後，以充足的水浸泡約 10 分鐘。如果希望芋莖再軟一些，可浸泡 2～3 小時。大略清洗後瀝乾水分，依照料理所需切成適當的長度。

澀味較強時

如果芋莖澀味較強或希望芋莖再軟一些，建議先以充足的水汆燙，再過清水。

以充足的水浸泡。

20g

▶▶▶
144g

約 **7** 倍

乾燥香菇

原料：香菇
日本產地：大分縣、宮崎縣、靜岡縣
熱量（約100g）：182kcal
營養成分：維生素D、鉀

泡發冬菇的水也很美味

中華、日本、西洋等各式料理都會使用乾燥香菇，有香信類、冬菇等種類。儘管各種香菇在市面上都很常見，價格卻因大小、形狀而相差甚遠。日本的主要產地有大分縣、岩手縣與靜岡縣。相較於生香菇幾乎採用人工栽培，乾燥香菇則多是天然製品。然而，目前日本的生香菇、乾燥香菇主要自中國、韓國進口。

冬菇

現煮特別美味！
香菇鑲肉

材料（2人份）

乾燥香菇…泡發6朵
豬絞肉…80g
洋蔥…¼個
青紫蘇…2片
鹽、胡椒…各適量

A
雞蛋…1個
麵包粉…2小匙
牛奶…1大匙
太白粉…2大匙

B
醋、砂糖…各1½大匙
醬油…1大匙

炸油…適量

製作方法

1. 擦拭泡發的乾燥香菇，去除水分、蒂頭，在蕈傘處切十字。
2. 洋蔥、青紫蘇切末。
3. 碗內放絞肉、2拌勻，撒上鹽、胡椒，加A拌勻。
4. 1內側抹上太白粉，將3仔細放入。最後整體撒上太白粉。
5. 炸油加熱至170℃，將4炸至呈金黃色。
6. 佐拌勻的B享用。

和白飯、麵包都很搭！
香菇味噌佐醬　常備

材料（易烹調分量）

乾燥香菇…泡發6朵。
芝麻油…1大匙

A
長蔥末…5cm分量
蒜泥…½瓣分量

B
味噌…100g
酒…50㎖

喜愛的蔬菜
（西洋芹、胡蘿蔔、小黃瓜、白蘿蔔等）…適量

製作方法

1. 乾燥香菇泡發後去除水分，去除蒂頭後切細。
2. 以平底鍋熱芝麻油，以中偏小火翻炒1與A，加B繼續拌炒約5分鐘。（放入保存容器中，冷藏可保存約1週）
3. 喜愛的蔬菜切易入口大小，佐2享用。

泡發方法

一　清洗後以充足的水浸泡。蓋上木蓋，避免香菇浮上水面。

二　泡發時間因厚度、品質而不同，變軟後，以手確認是否已經泡發。

以微波爐泡發

以等量的水浸泡，蓋上保鮮膜以微波爐加熱。3～4朵的加熱時間約為2分鐘。

20g		90g
	▶▶▶	
冬菇		**4.5倍**
10g		40g
	▶▶▶	
香信菇		**4倍**

清洗後以充足的水浸泡5～6小時。

芥茉的強度恰到好處

芥茉香菇

簡易

乾燥香菇10朵泡發後去除蒂頭，以手撕開。10 cm長的昆布泡發後切成1 cm塊狀。鍋內放香菇、昆布、水200 mℓ、醬油與味醂各3大匙、醋1大匙，蓋上蓋子以小火煮約10分鐘。昆布變軟後，掀開蓋子，讓水分蒸發。湯汁收乾後，稍微冷卻，佐芥茉½小匙享用。

美味與口感滿點

香菇燉飯

材料（2人份）

乾燥香菇…2朵
洋蔥…¼個
白米…1合
水…100 mℓ
雞湯…900 mℓ
奶油…2大匙
白酒…50 mℓ
鹽…1小匙
粉狀起司…適量
鹽、胡椒…各適量
蝦夷蔥丁…少許
粗粒黑胡椒…適量

A

製作方法

1. 耐熱容器放乾燥香菇與等量的水，蓋上保鮮膜以微波爐加熱2分鐘，切末備用。洋蔥切末。
2. 將泡發乾燥香菇的水與雞湯拌勻。
3. 以平底鍋熱奶油，翻炒洋蔥至變軟，加白米炒4～5分鐘。加乾燥香菇、白酒繼續拌炒。加600 mℓ的2、1小匙的鹽，時時攪拌以中火煮至水分變少。若是白米仍過硬，陸續加100 mℓ的2，拌炒至白米帶有一點芯。最後加上粉狀起司。
4. 待3的白米硬度適中，以鹽、胡椒調味，熄火。
5. 將4裝盤，撒上粉狀起司。

香菇拉麵

材料（2人份）

乾燥香菇…大型 3～4 朵
泡發乾燥香菇的水
　　…100 ㎖
長蔥…10 ㎝
中華麵…2 球
A [雞骨高湯…600 ㎖
　 酒…2 大匙
　 醬油…1 大匙
　 鹽…½ 小匙
辣油…適量
胡椒…少許

製作方法

1. 乾燥香菇泡發後，切 4 等分。長
   蔥切細絲。
2. 鍋內放 A、泡發乾燥香菇的水、
   乾燥香菇後點火，以小火煮約 15
   分鐘。
3. 中華麵依照包裝指示煮熟，與 2
   的湯汁一同放入碗內，放上乾燥
   香菇、切細絲的長蔥，淋上辣油
   並撒上胡椒。

以山珍製作的高知縣鄉土料理

[在地] 鄉土壽司

材料（易烹調分量）

乾燥香菇…小型 6 朵
蒟蒻…⅓ 片
水煮竹筍…½ 根
市售甜醋蘘荷
　　…6 個
A [高湯…200 ㎖
　 淡味醬油…2 大匙
　 味醂…2 小匙
白飯…2 合分量
B [日本柚子汁…3 大匙
　 砂糖…1½ 大匙
　 鹽…1 小匙

製作方法

1. 乾燥香菇泡發後去除蒂頭，以刀
   切出裝飾的紋路。蒟蒻橫切使
   厚度減半，切成 3×6 ㎝的長方
   形。再次橫切使厚度減半，但要
   保留 5mm。蒟蒻以水煮 2～3
   分鐘。竹筍切薄片，切成握壽司
   的大小。
2. 鍋內放高湯、1 後點火，煮沸後
   轉小火煮約 10 分鐘，熄火。
3. 白飯放入碗內，分次加拌勻的
   B、翻鬆，製作壽司飯。
4. 將 3 捏成橢圓形，放上 2 去除
   湯汁的材料、切成一半的甜醋蘘
   荷，再輕捏一下使其成型。

妥善運用
當季食材

鄉土壽司還可運用油菜花、
鹽漬櫻花等山珍提升華麗
感。由於壽司飯使用柑橘類
果汁，富含風味。

62

仔細拌炒避免炒焦

香菇油醋沙拉

材料（2人份）

乾燥香菇…3 朵
醬油…1½ 大匙
橄欖油…2 大匙
大蒜…½ 瓣
鹽、胡椒…各少許
綜合嫩葉…2 袋
喜愛的醬汁…適量

製作方法

1. 乾燥香菇泡發後去除蒂頭，切末以醬油浸泡。大蒜切末。
2. 以平底鍋熱橄欖油，大蒜爆香。加乾燥香菇，以小火仔細翻炒。待乾燥香菇變得焦脆，以廚房用紙吸油，撒上鹽與胡椒。
3. 綜合嫩葉裝盤、淋上喜愛的醬汁、撒上 2。

秘訣 蒂頭的使用方法

處理乾燥香菇時去除的蒂頭以醬油醃漬，可以製作出美味的香菇醬油，十分適合用於熬煮或拌炒。

〔在地〕

鹿兒島風紅白蘿蔔

鹿兒島縣鄉土料理。
依喜好淋上醋或七味粉也很美味◎

材料（2人份）

乾燥香菇…小型 6 朵
泡發乾燥香菇的水
　…300 ㎖
豬五花肉片…60g
白蘿蔔…1/6 根
胡蘿蔔…1/5 根
長蔥…1 根
醬油…適量

製作方法

1. 乾燥香菇泡發後切半。豬肉切易入口大小。白蘿蔔、胡蘿蔔切段狀。長蔥切 2 ～ 3 ㎝長。
2. 鍋內放乾燥香菇、白蘿蔔、胡蘿蔔、泡發乾燥香菇的水，添加適量的水蓋過材料，點火熬煮。待蔬菜變軟，放豬肉與長蔥。待肉變色，以醬油調味。

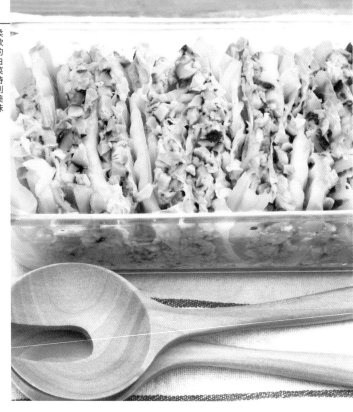

香菇白菜千層派

柔軟的白菜特別美味

材料（2人份）

乾燥香菇…泡發 8 朵
白菜…1/8 個

A
雞絞肉…100g
薑末…2½ 小匙
酒…5 小匙
酒…2 大匙
鹽…⅓小匙
果醋…適量

製作方法

1. 乾燥香菇切末。將白菜葉片撕開，配合容器高度切片。
2. 放入白菜、A 與乾燥香菇依序耐熱容器，做成千層狀。加鹽、酒後蓋上蓋子，蒸至白菜變軟。
3. 將 2 裝盤，淋上果醋。

享用高湯的美味

香菇納豆味噌湯

材料（2人份）

片狀乾燥香菇…4 片
長蔥…10 ㎝
納豆…1 袋（30g）
水…400 ㎖
味噌…2½ 大匙
七味唐辛子…適量

製作方法

1. 鍋內放乾燥香菇，以等量的水浸泡 15 分鐘泡發。長蔥切丁。
2. 點火煮 1，沸騰後撈起浮渣，以小火煮 5 ～ 6 分鐘，加味噌、納豆、長蔥，再點一下熄火。
3. 將 2 裝入碗內，撒上七味唐辛子。

冬菇

自晚秋生長至初春的香菇，於蕈傘打開之前收成、乾燥而成。肉厚、呈圓型。具備口感，適合使用於熬煮、拌炒、鐵板燒等。

香信菇

急速生長於春季與秋季，於蕈傘打開七成以上時收成、乾燥而成。肉薄、少紋，適合使用於五目壽司、炊飯、汆燙料理等。

茶花冬菇

蕈傘表面就像開花般出現淡茶褐色的龜裂，香氣濃郁的高級品。

片狀乾燥香菇

蒂頭去除、蕈傘切片後乾燥而成。儘管容易泡發、使用，但香氣與風味稍弱。

┌ 挑選方法

請選擇確實乾燥、蕈傘具有光澤、蕈傘內側帶淡黃色的製品。

依大小分類

香信可依蕈傘大小分為小葉（直徑 3～4.5 ㎝）、中葉（直徑 4.5～7 ㎝）、大葉（直徑 7 ㎝以上）三種。

┌─ 7.0 ㎝以上

4.5～7 ㎝

大葉　　　　**中葉**

3.0～4.5 ㎝

小葉

圖為小葉香信。不需要切，就可以用來製作便當裡的香菇鑲肉、小碗料理等，十分適合。此外，小葉香信比較薄，容易泡發與入味，製作炊飯也很適合。請依照料理，選擇不同厚度與大小的香菇。

冬菇有 3～5 ㎝的一般冬菇與 3 ㎝以下的小冬菇兩種。

3.0～5 ㎝　　　3.0 ㎝以下

一般冬菇　　　**小冬菇**

招牌 以泡發乾燥香菇的水做為高湯

煮香菇

材料（2人份）

乾燥香菇…10 朵
泡發乾燥香菇的水…200 ㎖
A｜砂糖、味醂…各 2 大匙
　｜醬油…2 大匙
罌粟籽（非必要）…少許

製作方法

1. 乾燥香菇泡發後去除蒂頭。
2. 鍋內放泡發乾燥香菇的水後點火，煮沸後以中火煮 2～3 分鐘。加 A 蓋上木蓋，再煮約 3 分鐘。加醬油轉小火，煮至湯汁收乾後熄火，靜置冷卻使其入味。
3. 將 2 裝盤，撒上罌粟籽。

乾燥紫萁

原料：紫萁

日本產地：山形縣、德島縣（人工栽培）、高知縣、秋田縣（自然生長）

熱量（100gあたり）：293kcal

營養成分：鉀、鈣、鐵、鋅、錳、食物纖維

越來越稀少的春季山菜

摘取紫萁嫩芽，經水煮去除澀味、軟化纖維後乾燥而成的製品。自然生長的紫萁處理起來十分費工，因此近年非常稀少且價格昂貴。市面上販售的紫萁，多自中國進口。日本東北地區的紫萁肉厚且軟，且出現嫩芽的時間最早，自古以來便使用於祭典或年菜，是一種保存食品。紫萁口感獨特，多使用於涼拌、熬煮；而在韓國，也會使用於冷拌飯、石鍋拌飯。

韓式紫萁

招牌 韓國料理的招牌配菜

材料（易烹調分量）

紫萁…泡發 300g

A
芝麻油…1½ 大匙
醬油…3 大匙
砂糖…½ 小匙
酒…1 大匙
水…50 ㎖

白芝麻…少許

製作方法

1. 紫萁切 4～5 ㎝長。
2. 平底鍋放 A 與 1，點火翻炒至水分揮發。
3. 將 2 裝盤，撒上白芝麻。

紫萁乾辣煮牛筋

以辣味濃縮山菜風味

材料（易烹調分量）

紫萁…泡發 100g
牛筋…300g
豆芽…1 袋
長蔥綠色的部份…⅓根
薑…1 片

A
大蒜…2 瓣
洋蔥…½ 個
長蔥…½ 根
紅辣椒粉…1 小匙
鹽…½ 小匙
醬油…2 大匙
酒…3 大匙
砂糖…1 小匙

醬油 適量
砂糖…適量
芝麻油…2 小匙

製作方法

1. 紫萁切 10 ㎝長。牛筋以適量的酒（未含於材料表中）與蓋過牛筋的水，時時撈起浮渣，煮約 20 分鐘。牛筋取出，切易入口大小，放入換水的鍋內，加長蔥綠色的部份、薑，時時撈起浮渣，以小火煮 30 分鐘以上。
2. 把 A 的大蒜、洋蔥、長蔥切末，以芝麻油翻炒至變軟。紫萁、豆芽稍微汆燙。
3. 將 A、紫萁、豆芽加入 1，熬煮 90 分鐘以上。若是水分不足，則要補充。起鍋前以醬油、砂糖調味。

乾燥蕨菜

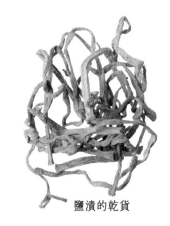

鹽漬的乾貨

原料：蕨菜
主要進口地：中國、俄羅斯
熱量（約100g）：274kcal
營養成分：鉀、維生素C

誕生於山間的保存食品

新鮮蕨菜直接乾燥而成，或是蕨菜汆燙後日曬乾燥而成——這兩種乾燥蕨菜都是誕生山間的保存食品。蕨菜自古以來，就是人們於春季食用的山菜。不過，現在市售蕨菜幾乎都是經過品種改良，變得比較柔軟的人工栽培製品。蕨菜澀味很強，必須仔細去除。去除澀味的蕨菜經常使用於湯品、涼拌、汆燙、熬煮等。

香氣濃郁，帶有些許苦味的鄉土滋味

蕨菜炸丸子

材料（2人份）

A
- 蕨菜…泡發 100g
- 醬油…½ 大匙

B
- 高湯…100 ㎖
- 淡味醬油…1 大匙
- 砂糖…1 小匙
- 鹽…適量

C
- 太白粉…½ 大匙
- 水…1 大匙

D
- 太白粉、麵粉…各 2 大匙
- 水…30 ㎖
- 炸油…適量

製作方法

1. 蕨菜泡發後稍微去除水分，切適當長度以 A 調味。
2. 鍋內放 B，煮沸後加拌勻的 C，增加濃稠度。
3. 將 D 放入碗內混合，加 1 再拌勻。以湯匙做出圓形，放入 160℃的油中炸 2～3 分鐘後裝盤。趁熱淋上充足的 2。

使用市售蕨餅粉製作 **蕨餅**

蕨餅粉

以蕨菜製作的純蕨餅粉十分稀少。市售蕨餅粉幾乎都是以番薯澱粉等製成。

材料
（14㎝×18㎝的型 / 塊）

A
- 蕨餅粉…70g
- 砂糖…35g
- 水…400 ㎖
- 砂糖…10g
- 黃豆粉…10g

製作方法

1. 將 A 放入碗內，分次加入水拌勻，使蕨餅粉溶化。
2. 以濾網過濾 1，放入鍋內，點中火。以木製飯匙攪拌至顏色變得透明。
3. 黃豆粉與砂糖混合後撒在模型裡，慢慢地將 2 倒入模型。靜置冷卻、凝固。切塊後享用。

泡發方法

一　以充足的水清洗，換水浸泡 1 晚。

二　鍋內放充足的水與紫萁（蕨菜），汆燙約 20 分鐘。

三　自鍋內取出紫萁（蕨菜），以水清洗，去除澀味。試吃如果苦味仍重，重複二、三。

挑選方法

請選擇確實乾燥，感覺嫩葉尚未打開，有點捲捲的製品。

凍蒟蒻

原料：：蒟蒻
日本產地：：茨城縣

凍蒟蒻

目前只有茨城縣生產花費1個月製作的珍貴乾貨

蒟蒻切成薄片，趁冬夜置於室外使其結凍，再經日曬乾燥。重複相同作業約1個月，才能完成呈現白色半透明，如海綿般的凍蒟蒻。烹調凍蒟蒻時，多是先泡發再熬煮。至今日本製作素食料理或是婚喪喜慶，仍會食用凍蒟蒻。然而目前日本只有茨城縣生產，是十分珍貴的乾貨。

在地

茨城縣固定吃法
鎖住濃縮的美味

炸凍蒟蒻

材料（2人份）

凍蒟蒻…4 片
A
砂糖…2 大匙
醬油…3 大匙
水…100 ㎖
酒…2 大匙
味醂…1 大匙

B
麵粉…50g
雞蛋…1 個

麵包粉、炸油…各適量

製作方法

1. 泡發凍蒟蒻。
2. 把 A 放入鍋內後點火，煮沸後加 1 熬煮。在湯汁尚未收乾之前，熄火冷卻。
3. 將 2 的湯汁、B 放入碗內拌勻。
4. 凍蒟蒻放入 3，抹上麵包粉。
5. 以 160℃炸 4，呈金黃色後切 3 等分裝盤。

簡易

做成味噌湯也很美味

凍蒟蒻豆腐味噌湯

鍋內放高湯 400 ㎖後點火，煮沸後加泡發後切成易入口大小的凍蒟蒻 2 片，切成 2～3 ㎝塊狀的豆腐½塊。加味噌 1 大匙、切丁的長蔥少許，稍微煮一下即可熄火。

有別於一般沙拉的滋味

凍蒟蒻西洋菜沙拉

材料（2 人份）

凍蒟蒻…泡發 3 片
西洋菜…1 把
芝麻油…1 大匙
鹽…1½ 小匙
白芝麻…1 大匙

製作方法

1. 凍蒟蒻切 1.5 ㎝寬、西洋菜以手撕成易入口大小。
2. 以平底鍋熱芝麻油，翻炒凍蒟蒻。凍蒟蒻均勻上油後，加鹽、白芝麻、西洋菜稍微翻炒。

靈感來自經典瑞典料理「詹森的誘惑」

瑞典風凍蒟蒻

材料（2 人份）

凍蒟蒻…6 片
洋蔥…1 個
鯷魚…3 片
鮮奶油…100 ㎖
牛奶…200 ㎖
麵包粉…適量
奶油…1½ 大匙
橄欖油…適量

製作方法

1. 凍蒟蒻以等量的牛奶浸泡約 30 分鐘，瀝乾水分後切 1 ㎝寬。洋蔥切薄片、鯷魚撕成適當的大小。
2. 平底鍋熱鍋後放奶油 1 大匙，待奶油溶化後拌炒洋蔥。
3. 將 1 的牛奶、鮮奶油放入鍋內，加熱至約 80℃。
4. 在耐熱容器抹橄欖油、鋪上一半凍蒟蒻、一半鯷魚、一半洋蔥。接著再依照凍蒟蒻、鯷魚、洋蔥的順序重疊材料。均勻淋上 3 後，撒上麵包粉與奶油 ½ 大匙。
5. 以 200℃烤約 20 分鐘。

泡發方法

㊀ 以水浸泡凍蒟蒻約 15 分鐘，以水清洗後用力擰乾。

㊁ 水煮㊀凍蒟蒻約 15 分鐘，用力擰乾，去除水分。

在地

名字很奇妙的瑞典料理

在瑞典料理中，有一道使用鯷魚與洋蔥的焗烤料理名為「詹森的誘惑」。據說詹森是一名素食主義者，不過這道料理實在太吸引人了，連詹森都忍不住品嘗，故得此名。

乾燥木耳

原料：木耳
主要進口地：中國（木耳）、台灣（銀耳）
熱量（約100g）：167kcal
營養成分：鈣、鎂、鐵、維生素D、食物纖維

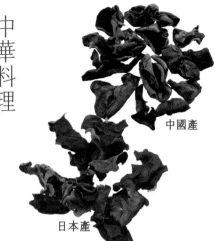

中國產

日本產

中華料理不可或缺的口感

乾燥木耳是以木耳乾燥而成的製品。木耳是一種菇類，據說因為形狀與人耳類似，故得此名。儘管在日本群馬縣、熊本縣等地也有生產，不過產量極低，日本市售木耳幾乎都是自中國進口。雖然沒有什麼味道與香氣，但是口感獨特，是中華料理不可或缺的食材。

因乾燥杏桃而具備甜味
銀耳杏桃

材料（易烹調分量）

銀耳…泡發 160g
乾燥杏桃…100g
薑…10g
水…600 ㎖

製作方法

1. 銀耳切易入口大小。乾燥杏桃以廚房剪刀剪成絲狀。薑切薄片。
2. 鍋內放 1、全部的水，煮約 10 分鐘後熄火。稍微冷卻後放入容器，冷藏約 1 天。

富含昆布、豬肉的美味
木耳煮豬肉

材料（2 人份）

木耳…泡發 80g
豬五花肉塊…100g
長蔥…1 根
昆布…5 cm
鹽…½ 小匙
水…250 ㎖
A ╮醬油…1½ 大匙
　╰酒…1½ 大匙
芝麻油、胡椒…各適量

製作方法

1. 木耳泡發後去除水分。豬肉切較粗的段狀，以鹽搓揉。長蔥切丁。昆布以廚房剪刀剪成絲狀。
2. 鍋內放適量的水、昆布，煮沸後加豬肉。待肉變色，加木耳、長蔥、A，煮五、六分鐘後加芝麻油、胡椒調味。

泡發方法

一

由於木耳會膨脹甚多，需以大量的水浸泡 20 分鐘。

二

摘除內側中央的蒂頭。

三

以指尖劃過皺褶處，去除髒汙。

3g	20g

以充分的水浸泡 20 分鐘。　**約 7 倍**

種類

黑木耳
一般的木耳，內外兩側皆為偏黑的茶色。日本市售製品多產自中國，使用於中國料理、拌炒等。

毛木耳
內側呈灰白色，特徵為肉厚且大。

白木耳（銀耳）
銀耳在中國為高級品。除了烹調，也可使用於製作中藥或甜點。

挑選方法
以既大又輕、表面為黑色的製品為佳。建議以手撕成大片，避免過薄。

材料（易烹調分量）
木耳⋯泡發 50g
白米⋯2 合
昆布（5×10 cm）⋯1 片
A ｜水⋯360 ㎖
｜酒⋯2 大匙
｜醬油⋯1 大匙
｜鹽⋯2 小匙
櫻花蝦⋯20g
炒白芝麻⋯2 大匙

製作方法
1. 木耳切絲。
2. 白米洗淨後靜置於濾網上約 30 分鐘，與昆布、A 一同放入土鍋，再靜置 30 分鐘使其吸水。
3. 將 1、櫻花蝦加至 2，蓋上蓋子點火，以中火煮約 5 分鐘。出現蒸氣後轉小火，再煮約 15 分鐘。聽見叭戚叭戚的聲音時，轉大火煮約 1 分鐘，使水分蒸發。熄火，靜置約 10 分鐘。最後加芝麻拌勻。

木耳的口感引人入勝
木耳櫻花蝦拌飯

色彩鮮豔且熱量低
木耳鮮蝦　簡易

木耳 5g 泡發後切成易入口大小。蝦 4 隻去除腸泥、汆燙，剝殼並切易入口大小。綠花椰菜 ½ 個分成小朵、汆燙後瀝乾水分。碗內放醬油 1 大匙、醋 1½ 大匙、砂糖 ½ 小匙、芝麻油 1 小匙、芥子醬 ½ 小匙拌勻，佐材料享用。

材料（2 人份）
木耳⋯泡發 50g
番茄⋯1 個
雞蛋⋯3 個
沙拉油⋯1½ 大匙
芝麻油⋯適量
A ｜醬油⋯1½ 小匙
｜酒⋯1 大匙
｜蠔油⋯1 小匙

製作方法
1. 木耳切絲、番茄切成半月形。
2. 平底鍋以大火熱沙拉油，一口氣倒入蛋液，呈半熟時取出。
3. 以 2 平底鍋熱芝麻油，加 1，待番茄稍微軟化，加一半的 A 拌炒。最後加 2、剩餘的 A 拌勻。

番茄的酸味是關鍵
木耳番茄炒蛋

乾燥辣椒

原料：辣椒
主要進口地：中國、韓國、牙買加、墨西哥
熱量（約100g）：384kcal
營養成分：辣椒素

八房辣椒

世界各地喜愛的辣味香料

辣椒為茄科植物，以果實乾燥製成。栽培於世界各地，常見於世界各地的料理之中。辣椒原產地為中南美，自數千年前便開始栽培。自哥倫布將辣椒帶回歐洲之後，便流傳至世界各地。日本也有鷹爪辣椒、島辣椒等辣味偏重的品種，以及青椒、青辣椒等甜味偏重的品種。此外，日本亦會將辣椒等辣味偏重的品種，以及青等製品，為促進食欲、提升醃漬料理風味不可或缺的食材。

依照個人喜好調整辣度

辣椒肉醬義大利麵

材料（2人份）

紅辣椒…2 根
胡蘿蔔…¼ 根
西洋芹…½ 根
混合絞肉…200g
月桂葉…1 片
紅酒…100 ㎖
水煮番茄…1 罐
義大利麵…160g
鹽…⅓小匙
胡椒…少許
橄欖油…1 大匙
A ┌ 奶油…1 大匙
  └ 帕馬森乾酪…4 大匙

製作方法

1. 紅辣椒去籽、切粗末。胡蘿蔔、西洋芹切末。混合絞肉加鹽、胡椒揉捏。
2. 以平底鍋熱橄欖油 ½ 大匙，將 1 胡蘿蔔與西洋芹、月桂葉以小火炒約 10 分鐘。加剩餘的橄欖油、絞肉以中火拌炒。不需要過度攪拌，輕輕撥鬆，將肉炒熟即可。
3. 2 加紅酒熬煮，待湯汁收乾加水煮番茄、1 紅辣椒，以小火煮約 15 分鐘。
4. 義大利麵依照包裝指示煮熟後加入 3，加 A 拌勻。

輕輕鬆鬆即可完成的清爽沙拉

四川風西洋芹沙拉

材料（2人份）

西洋芹…2 根
鹽…1 小匙
沙拉油…2 大匙
紅辣椒粗末
　…2 根分量
長蔥粗末
　…10 cm分量
A ┤ 鹽…1 小匙
醋…½ 大匙
砂糖…½ 大匙
山椒粉…少許

製作方法

1. 西洋芹的莖斜切 5mm 薄片、葉子配合莖切大片。放入碗內、撒鹽稍微攪拌，靜置約 10 分鐘。出水後仔細擰乾。
2. 將 A 放入平底鍋點小火，確實加熱後加 1，撒上山椒粉，使用前拌勻。

適合搭配拉麵與當做配菜

香辣水煮蛋 常備

材料（易烹調分量）

水煮蛋…6～8個
水…150 ㎖
A 紅辣椒圈…1根分量
蒜泥、醬油
　…各1大匙
豆瓣醬…2大匙
酒…2大匙

製作方法

1. 鍋內放A點火，沸騰
　後移至碗內。
2. 水煮蛋剝殼，以刀劃
　出數道開口，放入1
　靜置1晚。

又熱又辣的刺激口味

辣椒煎餅

材料（2人份）

長蔥…1根
上新粉…40g
麵粉…50g
雞蛋…1個
A 辣椒粉…2大匙
鹽…少許
砂糖…½小匙
醬油…2小匙
水…100 ㎖
芝麻油…2大匙
醬油、醋…各1大匙
B 炒白芝麻…½小匙
白芝麻糊…1小匙

製作方法

1. 長蔥斜切成薄片。
2. 碗內放A、1，若是水分不夠，可加少
　許。
3. 以平底鍋熱芝麻油1大匙，倒2煎至
　兩面微焦。淋上剩餘的芝麻油，再煎
　約3分鐘。
4. 將3切成易食用大小裝盤，淋上拌勻
　的B。

秘訣 **辣椒煎餅**

若是想製作煎餅等正統的韓國料理，不妨
使用韓國辣椒。韓國辣椒較日本產來得
紅，看起來非常辣。事實上，韓國辣椒的
味道圓潤、溫和，而且十分鮮美，能夠提
升風味。

為招牌料理增添辣味

味噌煮青花魚杏鮑菇

材料（2人份）

青花魚（已分為3片）
　…1尾
杏鮑菇…2根
太白粉…1小匙
紅辣椒…2根
大蒜…1瓣
沙拉油…1大匙
味噌…1大匙
A 醬油…1小匙
酒…100 ㎖

製作方法

1. 青花魚1片切半、抹上太白粉。
　杏鮑菇滾刀切。紅辣椒去籽、切粗
　末。大蒜壓碎。
2. 平底鍋放沙拉油、大蒜後點火爆
　香，加紅辣椒增添香氣。放青花魚
　煎兩面。加杏鮑菇拌炒後加A，煮
　沸後轉小火，蓋上蓋子再煮7～8
　分鐘。

種類

日本辣椒

八房辣椒

每一簇約附有 10 個果實的辣椒。辣味較鷹爪辣椒低，市面上亦有供觀賞用的成束辣椒。

鷹爪辣椒

為典型的辣味偏重的辣椒，亦稱「紅辣椒」。由於形狀與鷹爪類似，故得此名。日本主要產地為栃木縣。

挑選方法

請選擇充分乾燥、紅色鮮豔具光澤的辣椒。

島辣椒

栽培於沖繩地區、辣味偏重的品種。經常以泡盛等材料醃漬，製作成調味料。

伏見辣椒

為形狀細長的小型辣椒，是不辣而甜味偏重的品種。適用於天婦羅或熬煮。

外國產辣椒

安可辣椒

墨西哥的品種，辣味溫和、帶有甜味，容易食用。

普里克基諾辣椒

長 2～3 cm 的泰國辣椒，據說是亞洲最辣的品種。

朝天椒

經常使用於麻婆豆腐等四川料理的中國辣椒。

喀什米爾印度辣椒

辣味較低的印度辣椒，原產於喀什米爾。

加工製品

一味唐辛子

以辣味偏重的辣椒磨粉製成，添加於麵類料理可促進食欲。

七味唐辛子（七味粉）

辣椒加數種香料製作，口味獨特的混合香料。各地使用的香料不同。添加於麵類、湯品、熬煮等料理可促進食欲。

辣椒絲

以辣味極低的辣椒切絲而成，使用於裝飾韓國料理。

辣椒圈

以辣味偏重的辣椒切圓片而成，可立即烹調，十分便利。

74

豆類

富含優質蛋白質
有「植物肉」之稱的大豆，
豆類口感滿分、營養豐富又健康，
這樣的食材一定要出現在餐桌上！

黃豆

原料：黃豆
主要進口地：美國
日本產地：北海道、宮城縣、秋田縣
熱量（約100g）：417kcal（日本）
營養成分：蛋白質、維生素B₁、維生素B₂、食物纖維

日本人的重要食糧

對日本人而言，大豆不僅能煮來享用，還能製作成醬油、味噌、豆腐、豆漿、豆腐皮等各式各樣的加工食品，是非常重要的食材。除了沖繩，日本全國皆有栽培黃豆、黑豆等大豆，然而自給率仍然極低，需自世界第一的大豆生產國——美國進口。大豆大致依照種皮顏色分為不同種類，並依用途加以烹調。

黃豆

水煮過頭時的聰明食譜

大豆佐醬

材料（易烹調分量）

大豆…水煮120g

A｜咖哩粉、鹽…各½小匙

橄欖油…4大匙

麵包…適量

橄欖油、粗粒黑胡椒…各適量

製作方法

1. 將去除水分的大豆、A放入食物調理機，打成綿密的糊狀。
2. 麵包烤過放上1、淋上橄欖油與粗粒黑胡椒。

令人懷念的家庭料理

五目煮

材料（易烹調分量）

大豆…水煮380g

胡蘿蔔、牛蒡…各½根

蓮藕…100g

蒟蒻…½片

昆布…10cm

砂糖…4大匙

醬油…3大匙

製作方法

1. 胡蘿蔔、牛蒡、蓮藕、蒟蒻切1cm塊狀。牛蒡、蒟蒻分別以水沖洗。蒟蒻汆燙後冷卻備用。
2. 昆布泡發後切1.5cm塊狀。
3. 鍋內放入大豆、1、2點火，煮沸後轉小火煮約10分鐘。加一半砂糖再煮約10分鐘，途中輕輕攪拌並加入剩餘的砂糖、醬油，煮至湯汁幾乎收乾。

招牌

水煮方法

一　去除髒汙以及破損的、顏色不佳的豆子，以豆子分量 4 倍的水浸泡約 1 晚。

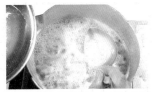

二　連同浸泡的水一起煮，煮沸後轉小火，去除浮渣與泡沫。途中湯汁變少時加水。

三　煮約 40 分鐘～ 1 小時，煮至以手指輕壓即可壓碎的程度。

 100g ▶▶▶ 250g

2.5 倍

以水清洗後，以黑豆分量 4 倍的水浸泡約 1 晚。

挑選方法
請選擇既大且輕、黑色鮮豔的黑豆，避免破損的、過薄的黑豆。

 常備　韓國常備的招牌料理
燉炒黑豆

材料（易烹調分量）

A
黑豆…乾燥 50g
白芝麻…1 大匙
大蒜…壓碎 1 瓣
紅辣椒圈…1 根分量

B
醬油、蜂蜜、味醂
　…各 1 大匙
高湯…1½ 大匙

製作方法
1. 黑豆洗淨以水浸泡約 30 分鐘，放在濾網上瀝乾水分。
2. 以平底鍋乾炒 A，取出材料。
3. 稍微擦拭 2 平底鍋，放 1 乾炒至皮裂開。
4. 以耐熱容器將 B 拌勻，加熱騰騰的 3 後靜置冷卻，使其入味。冷卻後加 2 拌勻。放入保存容器後冷藏，可保存 10 天左右。

招牌

成品圓膨膨又亮晶晶
黑豆

材料（易烹調分量）
黑豆…乾燥 300g
鹽…½ 小匙
白雙糖…200 ～ 300g
醬油…1 大匙

製作方法
1. 黑豆去除髒汙以及破損的、顏色不佳的黑豆，以水清洗後，以黑豆分量 3 倍的鹽水浸泡約 1 晚。
2. 鍋內放以茶包包裹的鐵釘 2 根、1、浸泡黑豆的水後點火，煮沸後轉小火，去除浮渣與泡沫。途中湯汁變少時加水。蓋廚房餐巾紙於材料上，以中偏小火熬煮 3 ～ 4 小時。
3. 待黑豆變軟，加 ¼ 白雙糖煮 5 分鐘。白雙糖溶化後熄火，確實冷卻。重複 4 次相同步驟後加醬油。

 祕訣　黑豆

黑豆色素花青素的特徵是不耐加熱而容易褪色。烹調時放鐵釘，鐵會與色素結合，使顏色穩定，因此黑豆即使經過烹調，顏色仍然很漂亮。如果使用鐵鍋，則不需要放鐵釘。

吃再多都不會膩的味道

昆布炒打豆

材料（易烹調分量）

打豆…100g
鹽味昆布…8g
橄欖油…1 小匙
紅辣椒…1～2 根
水…125 ㎖
鹽…¼ 小匙

製作方法

1. 大豆以水浸泡約 5 分鐘，去除水分。紅辣椒去籽。
2. 鍋內放橄欖油、紅辣椒後點火爆香，加打豆、鹽味昆布稍微拌勻。火轉大，分次加水拌炒。待打豆變軟後以鹽調味。

簡易

具備優異的整腸效果

黃豆粉香蕉優格

香蕉 1 根剝皮、切 2 ㎝寬的片狀，淋上少許檸檬汁後鋪在方盤上，放入冰箱冷凍 2～3 小時以上，與適量優格一同盛入碗內，撒上黃豆粉。享用前攪拌一下。

嶄新而香氣四溢的糖醋漬蔬菜

糖醋漬炒大豆

材料（易烹調分量）

大豆…100g
西洋芹…1 根
甜椒（紅、黃）
　…各 1 個
A｛
醋…200 ㎖
砂糖…4 大匙
鹽…2 小匙
粗粒黑胡椒…½ 小匙

製作方法

1. 大豆以水清洗，確實去除水分。
2. 平底鍋放入 1，一邊搖晃平底鍋一邊以中火乾炒，至大豆皮裂開且變色。
3. 鍋內放 A 點中火，砂糖溶化後移至碗內，加熱騰騰的 2 靜置冷卻、入味。
4. 西洋芹、甜椒切得比大豆大一些，加入 3 醃漬 30 分鐘以上，使其入味。

青大豆

種皮為綠色的品種，使用於
製作黃豆粉與和菓子。在東
北地區，以「老爸豆」之稱
在市面上販售。

黃豆

種皮為黃色的品種，是最為
常見的大豆。除了使用於
煮豆等料理，亦為豆腐、
味噌、醬油、納豆等加工食
品。代表品種為北海道產的
「鶴之子大豆」。

打豆

大豆浸泡後壓平、乾燥而成
的製品，為東北地區、長野
縣的特產。使用打豆烹調不
需要事先水煮，可以直接
放入味噌湯、湯汁，十分便
利。缺點為容易氧化。

紅大豆

種皮為紅色的品種，栽培於
山形縣部份區域。除了煮
豆，近來也使用於製作豆腐
與和菓子。

黑豆

種皮為黑色的品種，使用於
製作日本人熟悉的正月煮
豆。代表品種為丹波，栽培
於日本近畿、中國地區。

雁食豆

扁平、中央有凹痕的品種。
由於中央的凹痕就像被雁子
叼過一般，故得此名。

鞍掛豆

種皮為淺綠底帶黑色斑紋的
品種，由於看起來跟馬鞍很
像，故得此名。多栽培於新
潟縣至長野縣一帶。

菜豆

原料：菜豆
主要進口地：美國、中國、加拿大
日本產地：北海道
熱量（約100g）：333kcal
營養成分：鈣、鎂、鋅、食物纖維

大正金時

日文名稱「隱元豆」源自中國明朝的僧侶

據說自西元前八千年起，南美洲安地斯地區即開始栽培菜豆。此外，據說中國明朝的僧侶隱元於江戶時代將菜豆傳至日本，故日本稱菜豆為「隱元豆」。不過一直到了明治時代，菜豆在日本才變得普遍，並廣為栽培。菜豆在日本主要分為金時、白金時、手亡、虎豆、鶉豆等五個品種，每一種都使用於製作煮豆、內餡、甘納豆等和菓子。

色彩鮮豔而豐富
義大利風菜豆沙拉

材料（2人份）

白菜豆
　…水煮150g
酪梨…1個
番茄…½個
洋蔥…¼個
大蒜…1瓣
羅勒…1枝
檸檬汁…½個分量
鹽、TABASCO…各1小匙
胡椒…少許
A　橄欖油…2大匙

製作方法

1. 酪梨、番茄滾刀切一口大小。洋蔥切薄片、沖水備用。大蒜磨泥。羅勒以手撕碎。

2. 碗內放A拌勻，佐1、白菜豆享用。

材料（易烹調分量）

金時豆…水煮200g
豬絞肉…100g
胡蘿蔔…10cm
洋蔥…大型1個
大蒜…1瓣
橄欖油…1大匙
鹽…½小匙
胡椒…少許
A　紅辣椒粉…½大匙
孜然粉…1大匙
水…200㎖
水煮番茄…1罐（400g）
月桂葉…1片
B　去籽紅辣椒…1～2根
鹽、胡椒…各適量

製作方法

1. 胡蘿蔔、洋蔥切粗末。大蒜切末。

2. 鍋內放橄欖油、大蒜以中偏小火爆香，放絞肉、洋蔥、胡蘿蔔翻炒，加A拌勻。

3. 加全部的水至2，放水煮番茄、金時豆、B煮約20分鐘，以鹽、胡椒調味。

辣辣的豆子與麵包是絕配
香辣豆

水煮方法

一　洗淨後以豆子分量3倍的水浸泡1晚。（緊急時可換熱水浸泡3小時）

二　待豆子皮脹開，連同浸泡的水一同煮沸後，湯汁丟棄。

三　加豆子分量4～5倍的水後點火，蓋木蓋於材料上，煮至豆子變軟。

100g　　　240g
▶▶▶ **2.4倍**

以豆子分量3倍的水浸泡1晚，水煮2次。

種類

大正金時
日本栽培量最高的菜豆，為種皮呈紅紫色的金時類之一。味道很好，使用於製作甘納豆與煮豆。

白金時
種皮為白色，偏中～大型。使用於製作白色內餡與甘納豆。

鶉豆
有各式各樣的形狀與花紋，特徵為種皮有鵪鶉蛋般的斑點。主要使用於製作煮豆。

手亡豆
種皮為白色，依照尺寸分為「大手亡」、「中手亡」與「小手亡」。主要使用於製作白色內餡與和菓子。

挑選方法
請選擇沒有皺摺、裂痕且大小相同的豆子。

菜豆與魚類一拍即合

迷迭香烤菜豆沙丁魚

材料（2人份）

白菜豆…水煮160g
沙丁魚…3尾
迷你番茄…5～6個
大蒜…½ 瓣
迷迭香…3～4枝
鹽、粗粒黑胡椒…各適量
橄欖油…2～3大匙

製作方法

1. 沙丁魚去除內臟，洗淨並輕輕擦拭。迷迭香放入沙丁魚腹中。大蒜切薄片。
2. 耐熱容器放白菜豆、迷你番茄、大蒜，撒上一半的鹽、粗粒黑胡椒、橄欖油，放上沙丁魚後再撒上剩餘的鹽、粗粒黑胡椒、橄欖油。
3. 2放入烤箱，以200℃烤約20分鐘。

招牌

確實入味為關鍵

甜煮豆

材料（易烹調分量）

鶉豆…乾燥200g
砂糖…120g
鹽…少許

製作方法

1. 鶉豆洗淨以約3倍的水浸泡1晚。
2. 1連同浸泡的水一同放入鍋內，煮沸後湯汁丟棄。換新的熱水蓋過材料，以大火煮沸撈起浮渣。轉小火蓋木蓋於材料上，時時加水煮約1小時。
3. 加一半砂糖煮至鶉豆變軟，熄火冷卻。再次點火，加剩餘的砂糖、鹽，以小火煮約15分鐘。熄火後靜置1晚，使其入味。

紅豆

原料：紅豆

日本產地：北海道、兵庫縣、京都府（赤小豆）、岡山縣（白小豆）

熱量（約100g）：339kcal

營養成分：鉀、維生素B₁

大納言紅豆

喜氣驅邪的紅色豆子

紅豆原產於中國，主要供東南亞食用。

日本認為紅豆的紅色具有驅邪的力量，自古以來便以紅豆製作赤飯、紅白粥等用來慶祝的料理。紅豆依照大小分為大納言紅豆與普通紅豆。一般具顆粒的紅豆餡使用大納言紅豆製作，研磨均勻的紅豆餡則使用普通紅豆製作。儘管日本許多食材皆仰賴國外進口，但紅豆在日本的自給率高達70％。

適合搭配茶品一同享用
起司紅豆餅乾

材料（2人份）

紅豆…水煮 60g
比薩用起司…40g
蘇打餅乾…10 片
鹽…½ 小匙
橄欖油…2 大匙

製作方法

1. 紅豆、起司、壓碎的蘇打餅乾、鹽、橄欖油 1 大匙放入較厚的塑膠袋，揉捏使其均勻。
2. 在袋中將基底壓平，放入冰箱稍微冷藏後取出、切成易入口的大小。
3. 烤箱鋪廚房用紙，使 2 併排，淋上剩餘的橄欖油，烤約 8 分鐘。

紅豆熱呼呼的溫和
甜味讓人忍不住嘴角上揚
紅豆春捲

材料（2人份）

A
紅豆…水煮 150g
花生醬…1½ 大匙
乾燥杏桃粗末…40g
砂糖…適量
春捲皮…4 片

B
麵粉…1 大匙
水…2/3 大匙

炸油…適量

製作方法

1. A 放入碗內，仔細拌勻。
2. 春捲皮放上 1，包緊，最後以拌勻的 B 封口。
3. 炸油加熱至 170℃，放 2 油炸至呈金黃色。

水煮方法

一　紅豆以豆子分量 4～5 倍的水一同放入鍋中點火，煮沸後移至濾網上，湯汁丟棄。

二　再次以豆子分量 4～5 倍的水一同熬煮，煮沸後轉小火，時時撈起浮渣與泡沫。若湯汁不夠則加水，煮至以手指即可壓碎的程度。

100g		250g
	▶▶▶	**2.5 倍**

以豆子分量 4～5 倍的水煮約 1 小時，途中換水 1 次。

種類

大納言紅豆
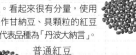
100 粒即重達 17g 以上的大顆紅豆。看起來很有分量，使用於製作甘納豆、具顆粒的紅豆餡。代表品種為「丹波大納言」。

普通紅豆

100 粒重量未達 17g 的即為普通紅豆，使用於製作研磨均勻的紅豆餡、羊羹與赤飯。

紅豆粉
水煮紅豆去皮、乾燥、研磨而成的粉末。搭配砂糖，即可輕鬆製作研磨均勻的紅豆餡。

白小豆

種皮為白色，使用於製作高級白色紅豆餡、和菓子的品種。代表品種有「北螢」、「備中白小豆」。

挑選方法
請選擇紫紅色飽和且具光澤、大小相同的紅豆。進口製品由於皮厚，必須拉長水煮時間。

在地

中國的粥為使用穀物製作的營養食品

在日本，粥多為白粥；不過在中國，粥會添加紅豆、綠豆與其他穀物。這樣富含營養、有益身體的溫和食品平時就可享用。可依照個人喜好搭配榨菜等醃漬食品。

恰到好處的甜味與香氣能夠促進食欲

薑汁紅豆粥

材料（2 人份）
紅豆…乾燥 25g
白米…25g
水…500 ㎖
鹽…½ 小匙
薑泥…適量

製作方法
1. 紅豆以水洗淨後去除水分，與全部的水一同放入鍋內，煮沸後熄火，靜置約 1 小時。
2. 白米洗淨、瀝乾後放入 1 點火，加鹽以小火煮約 1 小時。過程中要時時攪拌，避免黏鍋。
3. 將 2 盛入碗內，放上薑泥。

碳酸水能使章魚更加柔軟

紅豆煮章魚

材料（易烹調分量）
紅豆…水煮 140g
章魚腳…水煮 4 根（200g）
昆布…5 ㎝
A ┌ 紅糖…1 大匙
　│ 碳酸水、水…各 100 ㎖
　│ 酒…2 大匙
　└ 醬油…2 小匙

製作方法
1. 鍋內鋪昆布，放紅豆、水煮章魚、A 後點火，煮沸後蓋廚房用紙於材料上，轉小火煮約 10 分鐘。加醬油後熄火，靜置冷卻使其入味。
2. 章魚切易入口大小，與紅豆一同裝盤。

常備　自己製作的感覺特別美味　**紅豆餡**

材料（易烹調分量）

紅豆…乾燥 150g
水…600 ㎖
砂糖…150 ～ 180g
鹽…⅓小匙

製作方法

1. 紅豆依水煮方法（參考 P83）水煮。
2. 待紅豆變軟，分 3 次加砂糖，最後加鹽再煮一下。
3. 湯汁減少後，時時以木製飯匙刮過鍋緣，煮至熟爛。

搖一搖就可以完成的冰淇淋

紅豆冰淇淋

簡易

紅豆餡（參考上方）200g、鮮奶油 300 ㎖ 放入密閉容器，蓋上蓋子上下搖動 3～5 分鐘。待搖動時聲音變小、內容物整體融合後，放入冰箱冷凍 2～3 小時。

在地

名古屋主食之一
小倉吐司

咖啡館文化在名古屋普遍已久，因此名古屋有許多獨特的輕食。將大量紅豆放在奶油吐司上的「小倉吐司」亦為其中之一。紅豆的甜味與奶油的鹹味，會使人忍不住上癮。

名古屋的原創輕食
紅豆吐司

材料（2人份）

紅豆餡（參考上方）
　…適量
吐司…2 片
奶油…適量

製作方法

1. 奶油溶化後加入紅豆餡拌勻，放在烤至香脆的吐司上。

豇豆

關東的赤飯 多以豇豆製作

豇豆雖與紅豆相同，為豆科豇豆屬植物，但豇豆原產於熱帶非洲，經中國傳至日本。豇豆自古以來便栽培於日本關東以西的地區，較紅豆大顆、皮硬而不易破裂。關東偏好以豇豆製作赤飯。此外，豇豆與紅豆相同，亦經常使用於製作和菓子、豇豆餡。豇豆種皮除了紅色，還有白色、黃色、綠色等不同品種。豇豆分為食用成熟種子、豆莢的品種，普遍使用於地中海沿岸、非洲、亞洲各地。

原料：豇豆
日本產地：沖繩縣
熱量（約100g）：336kcal
營養成分：蛋白質、鉀、鐵、維生素E、維生素B1

以微波爐輕鬆製作 赤飯

材料（易烹調分量）
豇豆…乾燥 30g
水…90 ㎖
糯米…320g

製作方法
1. 豇豆洗淨與充分的水一同放入鍋內，煮沸後移至濾網，與全部的水再次放入鍋內。煮沸後時時攪拌，使豇豆接觸空氣，再煮約 20 分鐘。豆子與湯汁分開，備用。
2. 1 的湯汁加水（未含於材料表中）共 320 ㎖，與洗淨之糯米一同放入耐熱容器中，以水浸泡 2 小時以上。
3. 1 豇豆加入 2 拌勻，蓋上保鮮膜，使保鮮膜與糯米表面緊密貼合。容器再蓋上一層鬆鬆的保鮮膜，以微波爐加熱 8～9 分鐘。加熱後攪拌一下。
4. 再次以微波爐加熱 4～5 分鐘，這次加熱容器僅蓋上鬆鬆的保鮮膜。加熱後先不取下保鮮膜，悶約 10 分鐘。

在地

愛知縣鄉土料理
特微是以麵粉製作較粗的烏龍麵

豇豆烏龍麵

材料（2 人份）
豇豆…40g
烏龍麵
　…水煮粗麵 1 袋
水…350 ㎖
A 砂糖…2 大匙
　鹽…⅓ 小匙

製作方法
1. 豇豆以紅豆的水煮方法（P83）水煮，稍微研磨，保留半顆口感。
2. 鍋內放全部的水煮沸，加烏龍麵煮。待烏龍麵浮起，即可加 1，並以 A 調味。

種類

豇豆
特徵為較紅豆大顆、皮硬，以及中央有圓點。主要使用於製作赤飯。

綠豆
種皮為綠色，使用於製作豆芽、冬粉的品種。日本市面上販售的幾乎都是進口製品。水煮後可製作咖哩、甜點等。

挑選方法
請選擇沒有皺摺、裂痕、飽滿的豆子。

其他豆類

原料：鷹嘴豆
主要進口地：墨西哥
熱量（約100g）：374kcal
營養成分：蛋白質、鉀、鐵、維生素E

鷹嘴豆

建議積極攝取的健康食品

自古以來，世界各地便栽培、食用著不同大小、形狀、顏色等、各式各樣的豆子。每種豆子都有其獨特、豐富的味道，也有五花八門的使用方法。豆子含有許多營養，是十分優異的健康食品。儘管豆子在日本的自給率逐漸下滑，然而可以從不同國家進口。在注重養生的時代，建議大家可以積極攝取。

使身體暖和起來
豌豆雞翅

材料（2人份）

豌豆…130g
雞翅…150g
水…800 ㎖

A 鹽…1 大匙
葛縷子、胡椒…各少許

B 月桂葉…1 片
葛縷子、胡椒…各少許

鹽、胡椒…各少許

製作方法

1. 豌豆洗淨，以全部的水浸泡 1 晚備用。雞翅抹 A，放入冰箱冷藏 1～2 小時。

2. 豌豆連同浸泡的水一同煮，沸騰後加 1 雞翅、B，轉中火煮至豌豆變軟。待湯汁變少至大略蓋過材料，以鹽、胡椒調味。

材料（2人份）

小扁豆…50g
洋蔥…1/8 個
大蒜…½ 瓣
橄欖油…2 大匙
罐頭高湯…250 ㎖
白飯…2 碗
帕馬森乾酪…2 大匙
鹽、胡椒…各少許
花燥芹蘭菜…適量

製作方法

1. 洋蔥、大蒜切末。

2. 鍋內放橄欖油、大蒜以中火爆香，加洋蔥。洋蔥熟透後加溫熱的罐頭高湯，煮沸後加小扁豆再煮約 5 分鐘。以起司 1 大匙、鹽、胡椒調味。

3. 將 2 裝盤，撒上荷蘭芹與剩餘的起司。

小扁豆燉飯

不需要水煮即可使用！

86

鷹嘴豆 水煮方法

一 以豆子分量 3 倍的水浸泡 1 晚。

二 鍋內放豆子、充分的水煮 30～40 分鐘。

100g　　220g

以豆子分量 3 倍的水浸泡1晚、水煮。

2.2 倍

小扁豆 水煮方法

以豆子分量 2 倍的水浸泡 15 分鐘。鍋內放豆子、充分的水煮 20 分鐘。

┌ 挑選方法
請選擇粒粒飽滿且大小相同的豆子。

紅豌豆

種皮為茶色的品種，主要使用於製作鹽豆、蜜豆。

青豌豆

種皮為綠色，是最常見的品種。主要使用於製作煮豆、炒豆、豌豆餡。加砂糖熬煮的類型亦稱為「鶯豆」。此外，水煮豌豆亦使用於製作罐頭與袋裝商品。

鷹嘴豆

亦稱「雞豆」，主要栽培於印度與巴基斯坦。近年，在日本大受歡迎，經常使用於製作湯品、咖哩、煮豆、點心等料理。

小扁豆

形狀扁平，原產於西亞至地中海的乾燥地區。一般分為有皮與無皮兩種，後者容易煮透，可縮短烹調時間。使用於製作湯品、沙拉與離乳食品。

花豆

儘管看起來跟扁豆很像，但品種不同且顆粒較大。紅紫色底帶黑色斑點的稱為「紫花豆」、白色種皮的稱為「白花豆」，兩者皆多使用於製作甜豆。

凍豆腐

人工凍結品

即使技術持續進步
獨特口感仍然不變

又稱「高野高腐」，以豆腐經低溫凍結、解凍、脫水、乾燥而成的製品，部份製品在脫水與乾燥之間會加入膨脹軟化的步驟。目前製品幾乎都是以能夠急速凍結豆腐的專用機器製作的人工凍結品，而天然凍結品十分珍貴。不同地區的凍豆腐具有不同名稱，包括「一夜凍豆腐」、「東北凍豆腐」、「千早豆腐」等。每種凍豆腐基本上都是相同的製品，擁有與豆腐不同的獨特口感，使用於製作熬煮、油炸，或是淋上蛋液的料理。

原料：大豆
日本產地：宮城縣大崎市岩出山、長野縣部份地區、福島縣部份地區（天然凍結品）
熱量（約100g）：529kcal
營養成分：蛋白質、鈣、鎂、鐵

現炸最美味
炸凍豆腐

材料（2人份）
凍豆腐…泡發 4 片
A｛醬油…½ 大匙
味醂…1 大匙
水…150 ㎖
炸油…適量
鹽、粗粒黑胡椒…各適量

製作方法
1. 鍋內放 A 煮沸，加凍豆腐，時時翻面使其入味。
2. 壓除 1 湯汁，以高溫稍微油炸。
3. 2 以手撕成易入口大小、裝盤，撒上鹽、粗粒黑胡椒。

利用剩餘的豆腐製作也 OK
一夜凍豆腐燉蕪菁

材料（2人份）
手工凍豆腐…1 片
蕪菁…2～3 個
日本柚子…少許
A｛湯汁…250 ㎖
酒、味醂、醬油…各 1 大匙
鹽…½ 小匙
砂糖…½ 大匙
鰹魚片…適量
醬油…½ 大匙

製作方法
1. 蕪菁去葉、保留 2 ㎝的莖，仔細清洗莖與球根的連結處，縱切成半。去皮，於底部那側劃上幾道開口。日本柚子切極薄的絲狀。
2. 鍋內煮水，沸騰後放結凍的凍豆腐。凍豆腐以水沖洗，壓除水分後切 4 等分。
3. 鍋內放 A 點火，加 2、以紗布包裹的鰹魚片、蕪菁，蓋下蓋於材料上。
4. 把 3 湯汁 100 ㎖移至其他鍋內，加醬油煮沸。
5. 將 3 裝盤、淋上 4 並放上日本柚子絲。

秘訣
手工凍豆腐

木綿豆腐 1 片拭乾水分後放進保鮮袋冷凍，感覺就像是容易入味的凍豆腐。泡發後使用於麻婆豆腐、炒豆腐等料理，能夠迅速吸收湯汁、風味也會更加濃郁。如果有用剩的豆腐，請嘗試看看。

泡發方法

一 碗或盆內放溫水，加凍豆腐泡發。在凍豆腐上放盤子，避免凍豆腐浮起，能夠使凍豆腐均勻吸收水分。

二 一邊按壓一邊以水清洗，最後以兩手壓出水分。依照料理調整保留水分的程度。

10g　　　60g

▶ ▶ ▶

以溫水浸泡約 20 分鐘。　　**6 倍**

種類

天然凍結品
刻意做得比較硬的豆腐以繩子綁住、吊掛，經凍結、脫水、乾燥而成。具有甜味、口感，但產量逐年減少。

人工凍結品
刻意做得比較硬的豆腐以凍結機凍結、以乾燥機乾燥，而幾乎所有凍豆腐都會經過膨脹軟化的步驟。泡發時間較短，十分便利。

挑選方法

淡黃色、充分乾燥的凍豆腐品質較高。當顏色變深，表示油脂開始氧化，應該要避免。

不同尋常的美味

凍豆腐鍋

材料（2 人份）

凍豆腐…泡發 3 片
雞胸肉…2 塊
水菜…½ 把
長蔥…1 根
水…400 ㎖
昆布…5 ㎝
鹽…適量
果醋醬油、七味唐辛子
　…各適量

製作方法

1. 凍豆腐輕輕壓除水分，切易入口大小。雞胸肉切一口大小。水菜切 8 ㎝長。長蔥斜切成薄片。

2. 鍋內放昆布、全部的水稍微靜置。加凍豆腐後蓋上蓋子、點火。煮沸後加雞胸肉再煮一下。待凍豆腐變硬加鹽、水菜、長蔥煮沸，加果醋醬油、七味唐辛子。

凍豆腐雞蛋蓋飯

凍豆腐與白飯真是絕配

材料（2 人份）

凍豆腐…泡發 1 片
洋蔥…½ 個
小蔥…少許
A 高湯…150 ㎖
　醬油…1 大匙
　砂糖…½ 大匙
雞蛋…2 個
白飯…2 碗
芝麻油…適量

製作方法

1. 凍豆腐輕輕壓除水分，切 12 等分。洋蔥切薄片。小蔥切丁。

2. 平底鍋放芝麻油後點火，凍豆腐煎至微焦。

3. 鍋內放 A 煮沸後加 2、洋蔥熬煮，煮沸後加入蛋液、蓋上蓋子以中火再煮約 30 秒。

4. 白飯裝盤，放上 3、撒上小蔥。

有如豆腐般的滑嫩
凍豆腐番茄湯

材料（2人份）
凍豆腐…1 片
迷你番茄…5 個
長蔥…½ 根
白蘿蔔…5 cm
牛蒡…¼ 根
高湯粉…2½ 小匙
水…400 ㎖
鹽…適量
橄欖油、胡椒…各適量

製作方法
1. 凍豆腐泡發、壓除水分、切 1 cm
   塊狀。迷你番茄切半。長蔥切 1
   cm 長的段狀。白蘿蔔、牛蒡滾刀
   切塊。牛蒡以水浸泡去除澀味
   後，瀝乾水分。
2. 鍋內放全部的水、高湯粉、1 後
   點火，煮至所有材料熟透，以鹽
   調味。
3. 2 放入碗內，依照個人喜好淋上
   橄欖油、胡椒享用。

材料徹底入味
凍豆腐雜燴

招牌

材料（2人份）
凍豆腐…1 片
乾燥香菇…2 片
胡蘿蔔…½ 根
扁豆豆莢…10g
A ｜ 高湯…200 ㎖
｜ 砂糖…1½ 大匙
｜ 酒…1 大匙
｜ 淡味醬油…1 小匙
｜ 鹽…½ 小匙
｜ 醬油…1½ 小匙

製作方法
1. 凍豆腐泡發、壓除水分。
2. 乾燥香菇泡發、去除蒂頭。胡蘿蔔切 7mm 厚
   花瓣形狀。扁豆豆莢去梗，以鹽水汆燙，放進
   水中冷卻。
3. 鍋內放 A 點火，煮沸後放 1、蓋上木蓋，轉小
   火煮約 20 分鐘，使其入味。接著取出，切成
   易入口大小。
4. 3 鍋內放入胡蘿蔔、香菇煮至胡蘿蔔變軟，取
   出胡蘿蔔。加醬油，香菇再煮約 5 分鐘，最後
   放入扁豆豆莢再煮一下。
5. 將 3、4 裝盤。

搭配啤酒的小菜
凍豆腐培根捲

材料（2人份）
凍豆腐…泡發 2 片
培根…4 片
麵粉…適量
沙拉油…2 大匙
A ｜ 檸檬汁、胡椒
｜ …各適量

製作方法
1. 凍豆腐壓除水分，縱切 4 等分。培
   根縱向切半。
2. 凍豆腐撒麵粉，以培根捲起，再以
   牙籤固定。
3. 平底鍋放沙拉油後點火。2 開口朝
   下，排入平底鍋，煎至兩面微焦。
4. 將 3 裝盤，佐 A 享用。

湯葉

原料：大豆
日本產地：京都府、大阪府、滋賀縣大津市、栃木縣日光市
熱量（約100g）：511kcal
營養成分：蛋白質、鈣、鎂、鐵

平湯葉

大原木湯葉

同時享受口感與外觀

取濃郁豆漿表面產生的薄膜，並使其乾燥，即為乾湯葉。湯葉在日本的歷史十分悠久，據說最澄於一千兩百年前自中國將湯葉帶回日本，之後日本的素食料理就經常使用湯葉。到了江戶時代，日本民眾也開始使用湯葉，並製成湯葉捲、湯葉結等各式各樣的類型。中國又稱湯葉為「腐竹」、「豆皮」，至今仍廣為使用。

關西的主要產地以京都府、大阪府，而關東的主要產地以栃木縣日光市最為人所知。

生湯葉

材料（易烹調分量）
豆漿…適量
芥茉醬油、薑汁醬油
…各適量

製作方法
1. 較大的方形鋼盆裝熱水、較小的方形鋼盆裝豆漿。瓦斯爐上放烤網、裝熱水的鋼盆，接著將裝豆漿的鋼盆放入熱水的鋼盆，以小火加熱。待表面產生薄膜（豆腐皮），輕輕夾起，自豆漿中取出。夾取豆腐皮的過程中，動作要慢，而且要使豆腐皮像是在豆漿表面漂浮。
2. 將1裝盤、沾柚子胡椒、芥茉醬油、薑汁醬油等調味料享用。

湯葉散壽司

湯葉不一定要泡發

材料（2人份）
乾湯葉…40g
白米…4合
水…800㎖
青紫蘇…10片
薑…4片
鹽醋漬青花魚…半尾
白芝麻…4大匙
壽司醋…6大匙

製作方法
1. 白米洗淨後，以全部的水炊煮。炊煮後放上已經切成3～4塊狀的乾湯葉，蒸5分鐘。取1/5分量的乾湯葉，做為裝飾。
2. 青紫蘇、薑切絲。
3. 將電鍋內的乾湯葉、白飯拌勻，放入圓木盆、加壽司醋製作壽司飯。再加青紫蘇、薑、一半白芝麻拌勻。保留一些青紫蘇、薑，做為裝飾。
4. 3撒上鹽醋漬青花魚、裝飾用的乾湯葉、青紫蘇、薑、剩餘的白芝麻。

祕訣 泡發方法
以濕潤的布巾包覆板狀湯葉，可以避免湯葉破損，也容易調整泡發程度。

芝麻

原料：芝麻
主要進口地：中國
熱量（約100g）：578kcal
營養成分：鈣、鎂、鐵

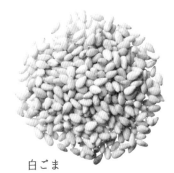

白ごま

豐富的營養濃縮
在小小的顆粒裡

以一年生草本植物芝麻種子乾燥而成。

原產於非洲，經埃及、美索不達米亞傳至中國，再於日本天平年間傳至日本。芝麻在日本原本是素食料理的食材，進入江戶時代，日本民眾也開始食用芝麻。到了大正時代，日本民眾食用的芝麻已有八成需仰賴進口。目前日本消費的芝麻幾乎都是進口製品，而且進口地並不固定，而是自中國、東南亞、非洲等世界各地收集而來。

佐充分黑醋醬汁享用

芝麻照燒肉排

材料（2人份）
白芝麻、黑芝麻
　…各5g
雞胸肉…1片
鹽…少許
麵粉…適量
沙拉油…適量
A {
黑醋…1大匙
味醂…½大匙
醬油…½小匙
}

製作方法
1. 雞肉切成易入口大小、以鹽搓揉、抹上麵粉。
2. 以平底鍋熱沙拉油，放1煎至微焦。放拌勻的A，使1沾上醬汁。整體均勻撒上芝麻。

祕訣　基本研磨方法

濕抹布鋪在研磨缽下方，固定研磨缽的位置。以慣用手抓住後方，另一手按住前方，比較容易研磨。

芝麻炒後風味備增

章魚片佐芝麻

材料（2人份）
水煮章魚腳…2根
洋蔥…小型½個
帊青蔥　0恨
白芝麻…1大匙
橄欖油…1大匙
A {
醬油…½大匙
芥茉…½小匙
}

製作方法
1. 章魚切極薄片。洋蔥磨泥。蝦夷蔥切丁。芝麻以平底鍋乾炒。
2. 谷器鋪上洋蔥、章魚，撒上蝦夷蔥、芝麻，淋上橄欖油、拌勻的A。

白芝麻
油脂含量在芝麻中最高，為芝麻油原料。

黑芝麻
種皮為黑色，多使用於食用。可直接食用或炒後放入料理。

金芝麻
又稱茶芝麻，特徵為香氣濃郁。多使用於懷石料理。

剝皮芝麻
芝麻去皮而成的製品。儘管口感溫和、易消化，但香氣低且易氧化。

芝麻粉
芝麻炒香後研磨而成的製品。易消化、易食用，但較成粒芝麻、刀切芝麻易氧化。

挑選方法
請選擇大小相同、具有光澤且充分乾燥的芝麻。

京都令人熟悉的素食料理 **味噌茄子佐芝麻** 在地

材料（2 人份）
茄子…3 根
白芝麻…3 大匙
八丁味噌…2 大匙
芝麻油、沙拉油…各 2½ 大匙
高湯…300 ㎖
A｜砂糖…½ 大匙
　｜味醂…1 大匙
　｜淡味醬油…2 小匙

製作方法
1. 茄子去除蒂頭、縱切成半，正反兩面劃上刀痕，以水浸泡去除澀味，接著去除水分。白芝麻以研磨缽研磨，保留一半顆粒。
2. 鍋內放芝麻油、沙拉油後點火，翻炒去除水分的茄子。加高湯、A、1 白芝麻，煮 10 ～ 15 分。（冷卻後亦很美味）
3. 取少許 2 湯汁溶解八丁味噌，接著放入鍋內，再煮 10 ～ 15 分至茄子熟透。（直接冷卻也很美味）

充滿芝麻素能量 簡易
芝麻風味烏龍麵

材料（1 人份）
使用市售芝麻醬，即可輕鬆製作芝麻湯汁。熱水 400 ㎖、白芝麻醬 3 大匙、醬油 3 大匙、酒 2 大匙拌勻，以鹽、胡椒調味。加水煮烏龍、喜愛的配料享用。

以芝麻取代麵包粉
芝麻烤番薯

材料（2 人份）
番薯…200g
牛絞肉…50g
洋蔥…¼ 個
A｜美乃滋…1 大匙
　｜鹽、胡椒、肉豆蔻…各少許
麵粉…適量
雞蛋…1 個
白芝麻…120g
沙拉油…3 大匙

製作方法
1. 番薯去皮、滾刀切塊、煮 10 分鐘至番薯變軟。洋蔥切末。
2. 平底鍋加沙拉油 1 大匙後點火，翻炒洋蔥。熟透後加絞肉，確實翻炒。
3. 碗內放 2、番薯，以研磨棒壓碎番薯，混合。再加 A 拌勻。
4. 將 3 分成 8 等分，揉捏成 2 ㎝厚的圓餅狀。圓餅抹麵粉、沾蛋液、裹白芝麻。
5. 以平底鍋熱剩餘的沙拉油，放入 4 煎至整體呈現金黃色。

柿子乾

白柿

硫磺柿

原料：柿子

日本產地：福島縣

熱量（約100g）：276kcal

營養成分：鉀、胡蘿蔔素

以澀柿製作的柿子乾 強烈甜味 出人意料

日本自平安時代中期開始，便將難以生食的澀柿製作成柿子乾，做為保存食品。澀柿去皮、經日曬或加熱乾燥而成的柿子乾帶有強烈的甜味，日本各地有不同製品，包括「硫磺柿」、「白柿」、「吊柿」等。除了可以直接食用，也可切細佐醋、或佐混合白味噌與白芝麻的醬料食用，亦可使用於製作和菓子。

自古以來便是奢侈的點心
其美味令人折服

柿子乾天婦羅

材料（2人份）

柿子乾…3個
麵粉…適量
A 麵粉…3大匙
　水…3½大匙
炸油…適量

製作方法

1. 柿子乾以水清洗、去除水分，橫切使厚度減半。
2. 1輕拍麵粉、裹上A麵衣，以180℃的油炸至微焦。

用來製作「素蟹」

日本具有歷史的農家會在祭拜祖先的日子準備素食料理。柿子乾切細與牛蒡混合製成天婦羅取代螃蟹，是秋田縣常見的鄉土料理之一。

溫和的甜味與美味

柿子粥

材料（2人份）

柿子乾…3個
白米…50g
鹽…⅓小匙
水…800㎖

製作方法

1. 柿子乾去除蒂頭、種籽，撕成適當大小。白米洗淨後移至濾網內。
2. 鍋內放全部的鹽、水、1後點中火，時時攪拌煮至沸騰，避免黏鍋。轉小火蓋上蓋子煮約40分鐘，途中攪拌2、3次，避免黏鍋。

搭配冰淇淋好上加好◎

白蘭地漬 柿子乾

耐熱容器放柿子乾 6 個、白蘭地 100 ㎖，蓋上蓋子放入冰箱冷藏半天以上。（充分乾燥的柿子乾會吸收飽滿的白蘭地，享用時要注意）

簡易

醋漬 柿子乾

清爽的酸甜滋味

簡易

將去除蒂頭、切 1 cm 寬的柿子乾 2 個放入保存容器，加鹽漬蔬蓍 120g、醋 100 ㎖醃漬約 1 週。

彩色鮮豔又健康的沙拉

柿子乾蘿蔔沙拉

材料（2 人份）

柿子乾…1 個
白蘿蔔…5 cm
西洋芹…½ 根
核桃…適量
A ｛
　醋（蘋果醋為佳）…2 大匙
　淡味醬油…1 小匙
　橄欖油…½ 大匙
　鹽…適量

製作方法

1. 柿子乾去除蒂頭、種籽，切粗絲，以拌勻的 A 醃漬 1 小時以上。白蘿蔔以削皮器削薄片。西洋芹斜切成薄片，抹鹽搓揉。核桃稍微切碎。

2. 碗內放柿子乾、醃漬柿子乾的湯、稍微擰除水分的白蘿蔔、西洋芹拌勻。

3. 將 2 裝盤，撒上核桃。如果有，亦可撒上西洋芹的葉片。

種類

中國柿子乾

中國柿子乾又稱「柿餅」。蒂頭向下排列在竹篩上乾燥而成，因此呈扁平狀。

柿子乾片

以富有柿等甜柿切片後乾燥而成的製品。

半熟多汁的柿子乾。澀柿經硫磺燻蒸製成。

硫磺柿

白柿

特徵為表面出現果糖、葡萄糖結晶。柿子乾放入木桶靜置 1 週而成。

吊柿

吊在繩子或稻草上乾燥的柿子乾。除此之外，還有以竹籤串在一起乾燥的「串柿」。

花生

原料：落花生
日本產地：千葉縣、茨城縣
熱量（約100g）：562kcal
營養成分：維生素E、維生素B₁、維生素B₂、菸鹼酸

因哥倫布而傳至世界各地的堅果

花朵的子房鑽進土中，發育成莢果，即為花生。帶殼的稱「落花生」、帶種皮的稱「南京豆」，去除種皮的則稱「花生米」。

原產於南美，因哥倫布發現新大陸而傳至世界各地。日本自明治時代起，於關東南方的溫暖地區開始大量栽培。目前主要產地為千葉縣與茨城縣。可搭配中華、日本、西洋等料理，是小菜也是點心，運用範圍十分廣泛。

香氣四溢
油豆腐炒花生

材料（2 人份）

花生…30g
油豆腐皮…1 片
縮緬雜魚…20g
沙拉油…1 大匙
A 酒…2 大匙
醬油…1 小匙

製作方法

1. 油豆腐皮烤過切 12 等分。
2. 以平底鍋熱沙拉油，以小火翻炒花生與縮緬雜魚，要避免炒焦。待整體均勻上油，加 1、拌勻的 A 再炒一下。

以花生搭配享用
羊栖菜佐花生

材料（2 人份）

花生…20g
羊栖菜…50g
A 醬油，高湯…各 ½ 大匙
砂糖…1 小匙

製作方法

1. 羊栖菜汆燙後放進冷水，接著瀝乾水切 3 cm 長。
2. 花生放進研磨缽仔細研磨，加 A、1 拌勻。

核桃

原料：核桃
主要進口地：美國
熱量（約100g）：674kcal
營養成分：維生素E、維生素B₁、維生素B₂

受世界各地喜愛，最古老的堅果

核桃有「世界最古老的堅果」之稱，在日本的歷史亦可追溯至繩文時代。日本各地山區皆有日本原生種，包括鬼核桃、姬核桃等。然而目前市面上流通的幾乎都是原產於伊朗、果實比較大的波斯核桃。據說豐臣秀吉出兵朝鮮時，士兵將波斯核桃帶回了日本。核桃除了剝殼直接食用，亦可切細使用於製作料理或甜點。

關鍵是荷蘭芹的風味

核桃荷蘭芹義大利麵

材料（2人份）

核桃…40g
荷蘭芹…1枝
義大利麵…160g
橄欖油…2大匙
A｜大蒜末…1瓣分量
紅辣椒圈…1根分量
鹽…少許

製作方法

1. 核桃稍微切碎。荷蘭芹切末。
2. 義大利麵依照包裝指示煮熟。
3. 平底鍋放橄欖油、A、核桃點小火，待核桃變色加荷蘭芹、瀝乾的2，稍微翻炒。若是湯汁不足，可加一些煮義大利麵的水。最後以鹽調味。

微苦的絕配組合

核桃山茼蒿沙拉

材料（2人份）

核桃…30g
山茼蒿…½把
洋蔥…¼個
A｜紅辣椒圈…½根分量
味噌…1小匙
醋…2大匙
橄欖油…1大匙

製作方法

1. 核桃以平底鍋乾炒、以研磨棒稍微壓碎。茼蒿切大片，沖洗後去除水分。洋蔥切薄片、沖洗後去除水分。
2. 1放入碗內拌勻、裝盤，淋上拌勻的A。

核桃與納豆一拍即合

簡易 核桃納豆

納豆1袋拌勻，加稍微切碎的核桃10g、納豆湯汁再拌勻，加洋蔥粗末1小匙。

雜糧

原料：小米

日本產地：岩手縣

熱量（約100g）：364kcal

營養成分：蛋白質、鈣

小米

近年廣受矚目而營養滿分的作物

在稻作技術尚未傳至日本時，日本即栽培小米、黃米、日本稗粟等雜糧，歷史十分悠久。在明治時代之前，雜糧一直是日本民眾的主食。以往只有大名、富豪能夠食用現代的主食，也就是白米。然而近年人們著重養生，營養價值極高的雜糧開始廣受矚目，推出諸多製品。種類豐富的雜糧一般來說會互相混合或與白米混合，製作成飯或粥。

白味噌的低調美味

奶油焗烤鯛魚小米

材料（2人份）

小米…30g

鯛魚…2 片

杏鮑菇…2 根

長蔥…⅓ 根

A

熱水…150 ㎖

鹽…⅓ 小匙

白味噌…1 大匙

B

奶油…1 小匙

鹽…少許

鹽…適量

胡椒…少許

芝麻油…適量

製作方法

1. 小米洗淨後移至濾網內，仔細瀝除水分。在鯛魚上輕輕撒鹽、胡椒。杏鮑菇撕成易入口大小。長蔥斜切成薄片。

2. 鍋內放 A、小米點中火，煮 6～7 分鐘至呈現濃稠狀。蓋上蓋子再以小火煮約 15 分鐘。熄火悶約 5 分鐘，加 B 拌勻。

3. 平底鍋放芝麻油少許後點火，放鯛魚煎至兩面微焦後起鍋。

4. 3 平底鍋稍微擦拭，倒芝麻油少許後點火，放杏鮑菇炒至變軟。撒上少許芝麻油、鹽，加入洋蔥再炒一下，熄火。

5. 將 3 放入耐熱容器，加 2、4，放入預熱的烤箱，以 230℃烤 5～6 分鐘。

香氣四溢的早餐

手工煎餅

材料（易烹調分量）

精製大麥…120g

喜愛的堅果（杏仁、芝麻等）…100g

喜愛的水果乾（葡萄、杏子等）…50g

橄欖油…25g

蜂蜜…75g

製作方法

1. 精製大麥、堅果、橄欖油、蜂蜜放入碗內拌勻。

2. 1 放入耐熱容器，壓平後放入預熱 150℃的烤箱，每隔 10 分鐘攪拌 1 次，烤 30～40 分鐘。

3. 水果乾切小塊。

4. 將烤好的 2 與 3 混合，以蠟紙包裹、成形，常溫冷卻後切易食用大小。

以黑醋提升酸甜滋味

黑醋雜糧炒飯

材料（2人份）

雜糧飯…2 碗
市售叉燒…50g
長蔥…1 根
沙拉油…少許
醬油…3 小匙
黑醋…1½ 大匙
胡椒…少許
小蔥…2 ～ 3 根

製作方法

1. 叉燒切 1 cm塊狀。長蔥切末。
2. 平底鍋放沙拉油後點大火，翻炒叉燒、長蔥，加雜糧飯炒至鬆散。
3. 沿著鍋緣淋上醬油翻炒。將炒飯集中在一側，另一側倒黑醋，待黑醋水分稍微揮發後，與炒飯拌勻。完成後裝盤，撒胡椒、小蔥丁。

黑米與起司的顏色對比很美

黑米沙拉

材料（2人份）

黑米…80g
洋蔥…¼ 個
小黃瓜…½ 根
西洋芹…¼ 根
莫札瑞拉起司
　…1 個（100g）
EX 初搾橄欖油…2 大匙
鹽、粗粒黑胡椒…各適量
檸檬汁…½ 個分量

製作方法

1. 鍋內放充分的水、黑米、鹽，以大火煮至沸騰後再煮約 20 分鐘。移至濾網內瀝乾水分。
2. 洋蔥切薄片、沖洗後移至濾網內瀝乾水分。西洋芹斜切成薄片。小黃瓜縱切成半再斜切成薄片。
3. 莫札瑞拉起司切 1 cm塊狀。
4. 碗內放 2、橄欖油拌勻，稍微冷卻後加 1。以鹽、粗粒黑胡椒調味，加 3 拌勻後淋上檸檬汁。

祕訣 ▶ **混合炊煮即可**

混合雜糧大多會調整至可以與白米一同炊煮，請安心使用。混合雜糧含大麥、小米、黃米、日本稗粟、黑米等浸水時間較短的材料，以及經 α 化的大豆、紅豆、綠豆等材料。

粒粒分明的口感實在有趣

酪梨炒薏仁

材料（2人份）

薏仁…泡發100g
酪梨…1個
牛蒡…½根
橄欖油…1大匙
檸檬汁…1大匙
A｜鹽…½小匙
　｜胡椒…少許

製作方法

1. 薏仁以充分的水浸泡約1小時、以熱水煮約5分鐘，煮得稍硬一些。

2. 牛蒡仔細清洗、連皮切3cm長的段狀、以水浸泡去除澀味，最後去除水分。酪梨滾刀切塊。

3. 平底鍋放橄欖油後點火，翻炒牛蒡1～2分鐘，加1拌勻。整體均勻上油後，放酪梨迅速翻炒，加A輕輕拌勻。

祕訣

少量雜糧以微波爐炊煮

黃米、小米、藜麥、尾穗莧等雜糧若是數量不多，可以使用微波爐加熱。水煮方法為將雜糧放入耐熱容器，以雜糧分量1.5倍的水浸泡約10分鐘，蓋上鬆鬆的保鮮膜，以微波爐熱約3～5分鐘，即告完成。每種雜糧的加熱時間與浸泡時間不同，加熱後請確認一下。

材料（2人份）

大麥…20g
罐頭高湯…600㎖
鹽…少許
蛋黃…1個
檸檬汁…½～1大匙
荷蘭芹…少許

製作方法

1. 鍋內放大麥、罐頭高湯500㎖後點火，煮約15～20分鐘，以鹽、胡椒調味。

2. 碗內放蛋黃、事先冷藏的高湯100㎖，以打蛋器拌勻。

3. 2放入1，一邊以打蛋器攪拌。加檸檬汁。

4. 將3裝盤，撒上切碎的荷蘭芹。

清爽口感美味十足

大麥濃湯

日本稗粟

無特殊味道。除了與白米一同炊煮、研磨成粉使用於製作和菓子，也可製作味噌、酒等製品使用之麴。

小米

黃色粒狀雜糧，清爽無特殊味道。粳性小米使用於製作甜點、糯性小米使用於製作粥。此外，也是泡盛等酒類的原料。

黃米

黃色粒狀雜糧，具有口感與甜味。即使涼了，口感仍具彈性。使用於製作萩餅與麻糬。

精製大麥仁（押麥）

大麥仁精製後，經加熱加壓乾燥而成。具有適度香氣與風味，大多與白米一同炊煮。

藜麥

原產於南美，在古印加帝國有「母親」之稱，營養價值極高。使用於湯品、燉飯，或水煮後加入沙拉等。

莧籽

栽培於南美，顆粒極小、口感扎實。除炊煮後食用，也可研磨成粉，混合麵粉製成麵條或餅乾。

黑米

中國視黑米為藥膳料理使用之食材，泡成茶也很好喝。

紅米

日本奈良時代普遍食用的紅色的米。粒粒分明的口感製成鹹粥、燉飯都很美味。

土鍋

炊煮後香氣四溢

材料（易烹調分量）

糙米（1½杯）+
紅米（1½杯）

製作方法

1. 糙米與紅米混合，輕輕洗淨，
   以 1.3 倍的水浸泡 1 晚。
2. 以大火煮約 10 分鐘，沸騰後
   轉小火再煮約 30 分鐘。熄火
   後靜置，蒸約 10 分鐘。

（若只有糙米）

以 1.3 倍的水浸泡 1 晚，以
相同方法炊煮。

電鍋

一般方法即可炊煮

材料（易烹調分量）

糙米（2杯）

製作方法

1. 糙米輕輕洗淨，以 1.3 倍
   的水浸泡 1 晚。
2. 以一般方法炊煮，蒸 15
   分鐘。
3. 試吃若覺得硬，加 80 ㎖
   的水再次炊煮。

壓力鍋

口感扎實

材料（易烹調分量）

糙米（1½杯）+
精製大麥（½杯）

製作方法

1. 糙米與精製大麥混合，輕輕洗
   淨，以 1.2 倍的水浸泡 1 晚。
2. 點大火，壓力開始提升後靜置約
   1 分鐘。轉小火煮約 20 分鐘，
   再轉大火約 15 秒。熄火後靜
   置，悶 10～15 分鐘。

（若只有糙米）

以 1.2 倍的水浸泡 1 晚，以相同
方法炊煮。

鑄鐵鍋

鍋巴充滿魅力

材料（易烹調分量）

糙米（2杯）+
混合雜糧（3大匙）

製作方法

1. 糙米輕輕洗淨，以 1.3 倍的水
   浸泡 1 晚。
2. 混合雜糧不需清洗，直接加入
   1。以大火煮約 10 分鐘，沸
   騰後轉小火再煮約 35 分鐘。
   熄火後靜置，悶約 10 分鐘。

（若只有糙米）

以 1.3 倍的水浸泡 1 晚，以
相同方法炊煮。

雜糧混合表

享用作物的豐富美味

糙米＋混合雜糧

組合
糙米 2 杯
混合雜糧 40g

炊煮方法
糙米 2 杯以水 750 ㎖ 浸泡 1 晚，加雜糧、鹽
少許，輕輕攪拌後以電鍋炊煮。

備註：混合雜糧以
最佳比例搭配各式
雜糧，適合雜糧入
門者使用。

扎實的口感使人身心舒暢

糙米＋糯性小米＋糯性黃米

組合
糙米 2 杯
糯性小米 30g
糯性黃米 70g

炊煮方法
糙米 2 杯以水 750 ㎖ 浸泡 1 晚，加雜糧、鹽
少許，再浸泡 30 分～ 2 小時後以電鍋炊煮。

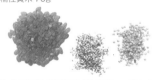

備註：由於黃米、
小米容易發酵，要
避免長時間浸泡，
尤其是夏季，要特
別注意。

顏色鮮豔的紅色米飯

糙米＋紅米＋莧籽

組合
糙米 2 杯
紅米 80g
莧籽 20g

炊煮方法
糙米與雜糧混合，以水 750 ㎖、鹽少許浸泡
1 晚後以電鍋炊煮。

備註：莧籽具有獨
特的香氣，請妥善
調整使用量。

成品呈現漂亮的紫色

糙米＋黑米

組合
糙米 2 杯
黑米 ½ 杯

炊煮方法
糙米與黑米混合，以水 750 ㎖、鹽少許浸泡
1 晚後以電鍋炊煮。

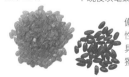

備註：若是使用糯
性黑米，可以品嘗
具有黏性的口感與
獨特的香氣。

麵類與粉類

日本人偏好麵食，生產了各式各樣的製品，並成為日本各地的招牌。一般家庭也能享用這些美味！

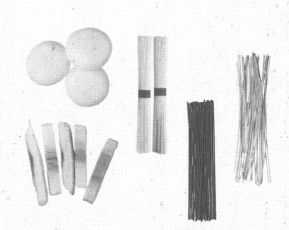

乾麵

原料：小麥
日本產地：秋田縣
熱量（約100g）：348kcal
營養成分：維生素B₁、維生素B₂

偏好麵食的日本
有各式各樣的
在地製品

烏龍麵、麵線、冷麥麵等以麵粉為原料，蕎麥麵以蕎麥粉為原料，冬粉則是以綠豆、馬鈴薯澱粉為原料。上述各種製品皆為長條狀，以熱水煮熟後食用。日本是全世界數一數二偏好麵食的國家，有麵線、蕎麥麵、烏龍麵等各種製品，且日本各地多有獨特的麵食。此外，日本各地的麵食因風土、氣候、飲食文化、風俗等，而有不同的吃法與調味。

烏龍麵

蛋黃烏龍麵

仔細拌勻後享用

材料（2人份）
烏龍麵…140～150g
蛋黃…2個
鮪魚罐頭…1個
蘘荷…2個
沙拉油…1～2大匙
醬油…各適量

製作方法
1. 烏龍麵依照包裝指示煮熟，沖洗後移至濾網內與沙拉油拌勻。蘘荷縱切成絲，沖洗後瀝乾水分。
2. 平底鍋放去除湯汁的鮪魚，乾炒。
3. 烏龍麵裝盤，放上鮪魚、蘘荷與蛋黃。淋醬油，一邊攪拌一邊享用。

材料（2人份）
冷麥麵…乾燥180g
雞腿肉…½片
豆芽…50g
A ┌ 長蔥丁…切段5cm
  │ 薑…1片
  └ 水…800㎖
B ┌ 魚露…1½匙
  └ 檸檬汁…½大匙
鹽、胡椒…各少許
炸洋蔥片、薄荷、香菜、檸檬
…各適量

越南風冷麥麵

靈感來自越南河粉

製作方法
1. 鍋內放雞肉、A點中火，煮沸後轉小火，時時撈除浮渣，煮約20分鐘。取出長蔥與薑、加B。
2. 冷麥麵稍煮一下，保留稍硬的口感，沖洗後瀝乾水分。
3. 取出1雞肉，切成易入口大小。2放入1湯汁加熱，以鹽、胡椒調味。裝入碗內後放上雞肉、豆芽。依照個人喜好，佐炸洋蔥片、薄荷、香菜、檸檬享用。

嶄新而美味

千層麵線

材料（2 人份）
麵線…2 把
市售肉醬、市售白醬
　…各 100g
比薩用起司…4 片
奶油…適量

製作方法

1. 麵線煮稍硬（烹調時間比包裝指示來得短），以冷水沖洗後移至濾網內。
2. 耐熱容器塗抹奶油，依序放上麵線、肉醬、白醬、比薩用起司 2 片，接著重複 1 次相同步驟再疊上一層。
3. 將 2 放入加溫至 200℃ 的烤箱，烤約 20 分鐘。

種類

蕎麥麵

以蕎麥粉為原料，因蕎麥粉比例、種類、做法不同，而有許多種類。日本乾麵協會規定，蕎麥粉比例達 30% 以上，即可標記為「蕎麥麵」。

麵線

以日本麵粉為原料，是最細的麵食。奈良縣、三重縣生產的麵線十分有名。

冬粉

以馬鈴薯、番薯的澱粉或綠豆澱粉為原料，浸泡後可使用於製作湯品或沙拉。

冷麥麵

日本關東夏季經常食用，粗細介於麵線與烏龍麵之間。也有加抹茶、雞蛋的製品。日本西部十分少見。

烏龍麵

以中筋麵粉加濃度較低的鹽水製作、乾燥而成。可做沾麵、湯麵。

麵線的水煮方法

一　盡可能將麵食橫放於充分的水中，以調理筷一邊攪拌一邊以大火煮沸，待水即將溢出時，加入約 200 ㎖的水。

二　再次沸騰後轉小火，待麵條硬度適中，迅速倒入濾網內。

三　以冷水充分沖洗麵線，去除油脂。

鮮蝦的存在感無與倫比

烏龍鮮蝦燒賣

材料（16 個份）

烏龍麵…乾燥 100g
豬絞肉…100g
蝦仁…小型 200g
洋蔥…½ 個

A
蛋白…1 個
鹽、胡椒…各少許
中華高湯粉…¼ 小匙
太白粉…½ 大匙
薑汁…½ 大匙

製作方法

1. 烏龍麵以手折成小段。洋蔥切末。
2. 碗內放洋蔥、絞肉、蝦仁、A，以手仔細揉
   捏。分成 16 等分，揉成球形後黏上烏龍
   麵。
3. 將 2 放入蒸籠，蒸約 10 分鐘。

捲成一口一口方便食用

冷湯麵線

材料（2 人份）

麵線…乾燥 200g
蘿蔔嬰、蘘荷、蔥
…各適量

A
高湯蛋捲…適量
煮香菇…適量
水煮蝦…適量
沾麵醬汁、芥茉泥…各適量

製作方法

1. 蘿蔔嬰去除根部稍微過水。蘘荷與蔥切
   丁，以水沖洗。
2. 麵線以基本水煮方法（參考 P105）水
   煮、沖洗。去除水分後，以手捲起麵線分
   成一口一口。
3. 依照個人喜好以 A 材料裝飾，佐 1、沾
   麵醬汁、芥茉泥享用。

 祕訣
一邊攪拌一邊煮

煮蕎麥麵的重點為，使用充分
的熱水。煮沸後，以調理筷在
鍋內畫大大的 8，一邊攪拌一
邊煮。蕎麥麵現煮最美味，建
議於食用前再煮。

搭配手工沾麵醬汁享用蕎麥的香氣

蕎麥涼麵

材料（2 人份）

蕎麥麵…乾燥 120g

A
高湯…200 ㎖
醬油、味醂…各 50 ㎖
洋蔥絲、海苔絲…各適量

製作方法

1. 鍋內放 A 煮沸，製作沾麵醬汁，冷卻備用。
2. 蕎麥麵依照包裝指示煮熟，火小即將溢出時
   加水。
3. 煮熟後以流動的水確實沖洗，迅速使整體冷
   卻，移至濾網內瀝乾水分。佐 1、洋蔥、海
   苔享用。

日本全國麵食

大門麵線
富山縣特產，嚼勁強烈。由於是在半乾燥的狀態下，以和紙包裹麵線，因此口感很好。

稻庭烏龍
秋田縣稻庭町特產，以傳統手拉法製成，完全不使用油。口感富有彈性。

白石溫麵
起初製作是為了方便伊達藩藩主於病時食用，是無油、稍短的烏龍麵。

五島烏龍
長崎縣五島列島製作，使用當地特產椿油，嚼勁強烈、滑順入喉。

茶蕎麥麵
靜岡縣名產，加茶葉粉末製成，風味絕頂。

三輪麵線
據說是手拉蕎麥麵的始祖，獨特風味為其魅力。

冬粉的泡發方法

一　若是要加熱製作湯品等料理，可視情況以溫水浸泡。沙拉等不需要加熱的料理，則可依個人喜好水煮。

二　待僅存一些芯，倒入濾網內，瀝乾水分。

吸收飽滿鮮味的冬粉最好吃！

冬粉炒豬肉

材料（2人份）

冬粉…乾燥 50g
乾燥木耳…4g
豬背肉片…100g
長蔥…4㎝
沙拉油…2小匙
A｜壓碎的大蒜…½瓣分量
　｜紅辣椒圈…¼根分量
　｜薑…2片
　｜中華高湯…200㎖
B｜蠔油…1小匙
　｜鹽、胡椒…各少許

製作方法

1. 冬粉以廚房剪刀剪成易食用長短、與木耳一同以水浸泡泡發，去除水分。豬肉切3㎝寬。長蔥切細絲。

2. 以平底鍋熱沙拉油，放A爆香。加豬肉拌炒，再加木耳、中華高湯。煮沸後加冬粉，以B調味。如果冬粉仍硬，再多加一些水（未含於材料表中）煮透。

3. 將2裝盤，放上長蔥細絲。

麵麩

原料：麵粉

日本產地：新潟縣（車輪麩、丸子麩、觀世麩、京都府（花麩、小町麩）

熱量（約100g）：387kcal（車麩）

營養成分：蛋白質、礦物質

車輪麩

口感鬆軟
高達一百種類型

麵麩是取麵粉麩質，與適量麵粉、糯米粉、烘焙用粉混合成形，直接火烤或烘乾而成。麵麩由中國傳至日本，在室町時代，是素食料理的食材。進入江戶時代，一般民眾也開始食用麵麩。日本各地依照做法、形狀，有超過一百種以上的類型。

其中以山形縣庄內麩、新潟縣車輪麩等東北地區生產的麵麩最為知名。麵麩除了使用於熬煮、湯品、拌炒或是淋上蛋液的料理，亦可使用於甜點。

迅速沾上醬汁
板麩蘆筍捲

材料（2人份）

板麩…泡發 1 片
蘆筍…4 根
長蔥…½ 根
沙拉油…½ 大匙
A｜水…3 大匙
　醬油…2 大匙
　砂糖…1½ 大匙
　太白粉…½ ～ 1 小匙

製作方法

1. 板麩確實去除水分、切成 4 等分。
2. 蘆筍去除根部、煮一下保留稍硬的口感，移至濾網內冷卻。長蔥切成 4 段。
3. 將 1 攤開，捲起蘆筍 1 根、長蔥 1 段，捲好之後以牙籤固定頭尾 2 處。其餘材料重複相同步驟。
4. 平底鍋放沙拉油後點火，3 開口處朝下併排、煎至整體微焦後取出。
5. 將 4 平底鍋輕輕擦拭，放拌勻的 A 後點火，一邊攪拌一邊煮至呈濃稠狀。把 4 材料放回鍋內，迅速沾上醬汁。

以少量味噌增添香氣
番茄煮麵麩

材料（2人份）

麵麩…20g
牛奶…50 ～ 100 ㎖
A｜雞絞肉…150g
　雞蛋…1 個
　鹽、胡椒…各少許
　太白粉…1 大匙
長蔥…1 根
香菇…3 ～ 4 朵
薑…1 片
橄欖油…1 大匙
B｜水煮番茄…1 罐（400g）
　日本酒…50 ㎖
　味噌…1 大匙
C｜醬油…½ 大匙
　味醂…½ 大匙
鹽、胡椒…各適量
乾燥荷蘭芹…適量

製作方法

1. 麵麩放入保鮮袋稍微壓碎，加牛奶，使其吸收。加 A 稍微混合。
2. 長蔥斜切成薄片。香菇去除蒂頭、切成易入口大小。薑切末。
3. 平底鍋放橄欖油、醬油後點火，出現香氣後加蔥翻炒。加 B 煮沸後轉小火。待蔥變軟，將 1 保鮮袋剪個開口，擠出一球一球的麵麩，放入鍋內煮。
4. 肉煮透後加 C 調味、加入香菇蓋上蓋子煮。待香菇變軟，整體拌勻。
5. 將 4 裝盤，撒上荷蘭芹。

車輪麩

將基底捲在鐵棒上烘烤製成。特徵為不易煮爛。多生產於日本東北地區。

觀世麩

橫向斷面呈漩渦狀紋路。口感輕巧，能夠迅速吸收水分。

麻糬麩

麩質加麻糬粉製作而成。日本主要產地為京都府、大阪府。

壽喜燒麩

又稱「丁子麩」，為日本滋賀縣彥根市一帶特產。由於十分適合搭配壽喜燒食用，故得此名。

板麩（庄內麩）

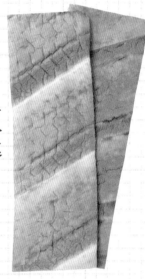

最古老的烤麩。將基底捲在鐵棒上烘烤，接著抽出鐵棒、壓成板狀。以日本東北地區靠近日本海一側製作的庄內麩最為知名。

裝飾麩

不需要泡發，直接放在湯品等料理上，賞心悅目。有花麩、松茸麩等。

壓縮麩

基底蒸熟、壓縮而成。使用於日本沖繩縣鄉土料理「炒苦瓜」。

小町麩

捲成棒狀再切成一口大小的製品。不需要泡發即可使用，十分便利。

可依照個人喜好添加雞肉或豆類◎

奶油焗烤麵麩

材料（易烹調分量）

小町麩…20 個
洋蔥…½ 個
奶油…1 大匙
A ｜ 雞蛋…2 個
牛奶…200 ㎖
鹽…少許
鹽、胡椒…各少許
比薩用起司…40g

製作方法

1. 洋蔥切薄片，放入以奶油熱鍋的平底鍋，炒至熟透後以鹽、胡椒調味。麵麩 4 個稍微壓碎。

2. 碗內放 A 拌勻，加剩餘的麵麩，使其吸收湯汁。

3. 耐熱容器鋪上 1 洋蔥、倒入剩餘的 A 蓋過洋蔥。鋪上 2，撒比薩用起司與壓碎的麵麩，放入烤箱烤至微焦。

溫和口味

麵麩雜燴

材料（2 人份）

小町麩…10g
A ｜ 高湯…200 ㎖
醬油、味醂
…各 1½ 大匙
油豆腐皮…1 片
白蘿蔔…5 ㎝
鴨兒芹…3～4 根
日本柚子汁…2 小匙

製作方法

1. 麵麩泡發後稍微壓除水分。油豆腐皮以烤箱烤至香脆，切成易入口大小。白蘿蔔磨泥。鴨兒芹切 2 ㎝長。

2. 鍋內放 A 後點火。煮沸後加麵麩，蓋木蓋在材料上，以小火煮。加 1 蘿蔔泥再煮一下，靜置冷卻。

3. 將 1 油豆腐皮裝盤，淋上 2、放上鴨兒芹，再淋上日本柚子汁。

祕訣 **直接放入碗內**

小町麩、裝飾麩等，體積較小的麵麩不需要泡發即可使用。若是想增添湯品、雜燴的色彩與分量，不妨加一些。

泡發方法

車輪麩

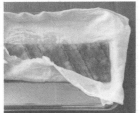

車輪麩以充分的水浸泡，途中不時翻面即可。

板麩

板麩以沾濕的布巾包覆、泡發。板麩變軟後容易破裂，要特別留意。

小町麩

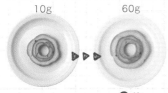

小町麩等體積較小的麵麩，可以用⊠麵棍壓碎，取代麵包粉做為油炸料理的麵衣、漢堡排的基底。

10g	60g
以水浸泡 20 分鐘。	**6倍**

各式麵麩脆餅

材料（易烹調分量）

喜愛的麵麩…40g

A
溶化的奶油…4 大匙
蔗糖…4 大匙
肉桂…少許

製作方法

麵麩沾拌勻的 A，併排在鋪有廚房用紙的盤裡，以 190℃的烤箱烤 10 分鐘。途中若奶油乾了，可隨時補充。

美味下酒菜

麵麩比薩

材料（易烹調分量）

A
車輪麩…2 片
牛奶…50 ㎖
雞蛋…1 個
比薩用醬…適量
比薩用起司…適量

製作方法

1. 麵麩泡發後確實去除水分，橫切使厚度減半。

2. 碗內放 A 拌勻、加 1 使其吸收湯汁。併排在鋪有廚房用紙的盤裡，以加溫至 200℃的烤箱烤 8 分鐘（請觀察顏色調整時間）烤至微焦。

3. 將 2 抹上比薩用醬、撒上比薩用起司，再次放進烤箱烤約 6 分鐘，使起司溶化。

米粉

上新粉

原料：粳米
日本產地：新潟縣
熱量（約100g）：362kcal
營養成分……碳水化合物、食物纖維

米粉亦可製作
美麗的和菓子

米粉一如漢字，是米研磨成粉的製品。歷史悠久，在稻作技術傳至日本的彌生時代，即有固定的烹調方法。不僅日本、中國、台灣、東南亞亦會使用米粉，起初的食用方法以粉狀為主。之後，日本開始使用米粉製作和菓子做為供品，而到了江戶時代，一般民眾亦會使用米粉製作和菓子。

米粉薄餅

挑選個人喜愛的食材

材料（2人份）

米粉…200g
熱水…150g
鹽…⅓小匙
沙拉油…1½ 大匙

A 豬絞肉…50g
洋蔥末…2 大匙

B 番茄醬…1½ 大匙
咖哩粉…½ 小匙
鹽、胡椒…各適量

C 酪梨塊、番茄塊…各適量
綜合嫩葉…適量

製作方法

1. 耐熱碗放入一半米粉和全部的熱水拌勻，加鹽、1 大匙沙拉油、剩餘米粉拌勻（若是攪拌棒上沾有基底，表示要補充米粉）。稍微冷卻後以手揉捏、蓋上保鮮膜放 20 ～ 30 分鐘。
2. 將 1 分成 4 等分。在桌面撒適量米粉（未含於材料表中），以擀麵棍將 1 擀成直徑 18 ㎝左右的圓形薄片。
3. 不沾鍋以中火加熱，放 1 張 2。蓋上蓋子，兩面各煎 1 分鐘。裝盤冷卻，蓋上鬆鬆的保鮮膜，避免乾燥。重複。
4. 相同步驟。
5. 平底鍋倒入剩餘的沙拉油點中火，加 A 翻炒、以 B 調味。以 3 包 4、C 享用。

米粉製牛奶布丁

以米粉提升濃醇口感

材料（耐熱容2個份）

米粉…40g
牛奶…150 ㎖
鮮奶油…50 ㎖

A 薑…1 片
水…200 ㎖
蜂蜜…4 大匙

蜂蜜…適量

製作方法

1. 鍋內放 A 點小火煮沸，時時撈起浮渣。待湯汁含有薑的香氣，取出薑。
2. 米粉、牛奶、鮮奶油拌勻，加入 1 鍋加熱，加熱時要以木製飯匙時時攪拌，出現泡沫後再煮 2 ～ 3 分鐘，使其呈現濃稠狀。
3. 將 2 裝入碗內，放入冰箱冷藏。依照個人喜好，淋上蜂蜜享用。

米粉南瓜丸子湯

材料（2 人份）

米粉…35g
南瓜…100g
舞菇…½ 袋
牛蒡…¼ 根
芝麻油…1 大匙
高湯…500 ㎖
醬油…1½ 大匙
A｜ 小蔥丁…少許
　 日本柚子皮…適量

製作方法

1. 南瓜以微波爐加熱 6 分鐘、去皮，與米粉混合，製作成丸子。丸子以熱水煮約 2 分鐘。
2. 舞菇撕成易入口大小。牛蒡削成薄片。
3. 鍋內放芝麻油後點中火，加 2 翻炒約 2 分鐘。加高湯煮，待沸騰加 1，再次沸騰後以醬油調味。
4. 3 裝盤，撒上 A。

米粉煎餅

Q 彈濕潤的基底

材料（2 人份）

米粉…100g
泡打粉…½ 大匙
A｜ 牛奶…100 ㎖
　 水、砂糖…各 3 大匙
　 沙拉油…½ 大匙
　 檸檬汁…½ 小匙
　 鹽…⅓ 小匙
B｜ 蜂蜜、果醬…各適量

製作方法

1. 碗內放 A，以電動打蛋器仔細拌勻，加米粉、泡打粉迅速拌勻。
2. 不沾鍋加熱後擺在濕抹布上一下，再放回點小火。分次放適量的 1，蓋上蓋子煎 5 分鐘左右。掀開蓋子，翻面再煎 5 分鐘左右。重複相同步驟。
3. 將 2 裝盤，依照個人喜好佐 B 享用。

種類

上新粉
粳米洗淨後磨粉、乾燥而成，使用於丸子、外郎餅、麻⬚等。

白玉粉
精米吸收水分後膨脹，經壓碎、沖洗、脫水、削細、乾燥等步驟而成。使用於製作求肥餅或白玉丸子。

道明寺粉
糯米蒸熟後乾燥、磨粉、過篩，確保顆粒大小相同的製品。除了櫻餅、萩餅，亦可做為油炸料理的麵衣。

祕訣 建議搭配白醬

鬆爽的米粉不容易結塊，建議搭配白醬提升濃稠度，創造滑順溫和的口感。以豆漿取代牛奶也很好。

麻糬

原料：糯米
熱量（約100g）：235kcal
營養成分：碳水化合物、食物纖維

年糕

亞洲共通的神聖食品

麻糬是糯米蒸熟後，以杵、臼敲打而成。自古以來即為日本正月、喜慶等祭典不可或缺的供品。在中國、韓國等亞洲國家，麻糬也是神聖的食品。據說麻糬於繩文時代傳至日本，然而到了江戶時代才開始普及。麻糬除了敲打成塊狀，還能以年糕、圓餅或凍餅等形式保存，只要經過烤、炸、煮等方法加熱，就能立即食用，十分便利，廣泛使用於日本各地五花八門的料理。

靜岡縣名產
靜岡麻糬

在地

材料（2人份）

A
| 麻糬…2個 |
| 黃豆粉…2大匙 |
| 砂糖…1大匙 |
紅豆餡（參考P84）…80g

製作方法
1. 麻糬水煮變軟後，去除水分。撒上拌勻的A。
2. 將1裝盤，佐紅豆餡。

香氣讓人食指大動
海苔麻糬

招牌

材料（2人份）

A
| 麻糬…2個 |
| 醬油…½大匙 |
| 砂糖…½小匙 |
| 海苔…½片 |

製作方法
1. 麻糬以烤箱烤至膨脹，沾拌勻的A。
2. 將1放在鋁箔紙上，再以烤箱烤至微焦、再沾A，以切成一半的海苔包起來。

東北夏季點心
在地
東北麻糬

材料（2人份）

麻糬…2個
毛豆（帶豆莢）…200g
砂糖…30～50g
鹽…¼小匙

製作方法
1. 毛豆以鹽水煮熟，去除豆莢、薄皮。
2. 以研磨缽將毛豆研磨至糊狀，分數次加砂糖、鹽，再次拌勻。
3. 麻糬水煮變軟後，去除水分，忙ノ享用。

體驗多樣化的口感

炸麻糬佐雞胗

材料（2人份）

麻糬…2個
雞胗…4～5個
麵粉…1小匙
白蘿蔔…⅓根
小蔥…2～3根
果醋…80 ㎖
炸油…適量

製作方法

1. 麻糬切2㎝塊狀。雞胗去除白色部份、表面畫上數道刀痕，抹上麵粉。白蘿蔔磨成泥、輕輕去除水分。小蔥切丁。
2. 碗內放白蘿蔔泥、果醋拌勻，製成醬汁。
3. 炸油加熱至170℃，放入麻糬、雞胗炸至呈金黃色，與2拌勻。
4. 將3裝盤，撒上小蔥。

炸麻糬燴香菇

亦可利用剩餘的蔬菜製作燴汁◎

材料（2人份）

麻糬…2個
舞菇…½袋
金針菇…½袋
香菇…2朵
胡蘿蔔…20g
鴨兒芹…適量
A 高湯…300 ㎖
A 酒…1大匙
A 醬油…1大匙
A 鹽…⅓小匙
B 太白粉…1小匙
B 水…½小匙
炸油…適量

製作方法

1. 麻糬2～3㎝塊狀。金針菇去除根部、切半。舞菇撕成易入口大小。香菇去除蒂頭、切成薄片。胡蘿蔔切扇形。鴨兒芹切2～3㎝長。
2. 鍋內放A點火，煮沸後加菇類、胡蘿蔔再煮一下，熄火。
3. 炸油加熱至170℃。麻糬炸至呈金黃色後裝盤。
4. 將2鍋再次點火，煮沸後加入拌勻的B，增加濃稠度，淋在3上。最後撒上鴨兒芹。

種類

特殊麻糬
揉入糙米、艾草等製作的麻糬，色彩繽紛。

年糕
將壓平的麻糬切成易食用的長方形，常見於日本北部。

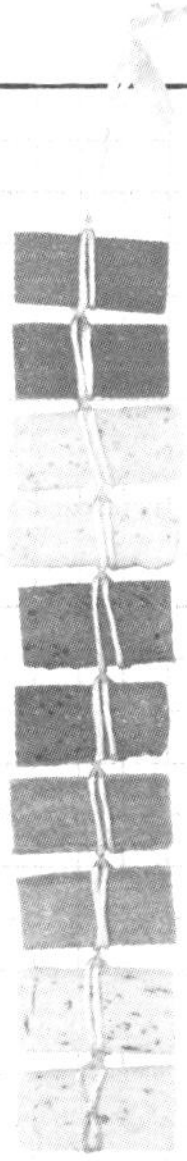

凍餅
以年糕結凍、乾燥而成，製作於日本東北地區，適合長期保存。

日本亦常見的韓國年糕

較日本麻糬具嚼勁，使用於拌炒等。

圓餅
嚼勁強烈的麻糬現做後捏成圓形，常見於日本西部。

麵粉

原料：小麥胚乳

主要進口地：美國（低筋麵粉）、加拿大（高筋麵粉）

熱量（約100g）：368kcal

營養成分：碳水化合物、蛋白質、鈣、食物纖維

高筋麵粉

中筋麵粉

低筋麵粉

人類最早的作物為十分優異的食材

小麥為禾本科越年生草本植物。世界上以小麥為主食的國家最多，因此小麥是全世界生產量第一的農作物。小麥的起源地為黑海至裏海的古東方，距今約一萬年前便開始栽培，據說是人類最早的作物。小麥也是日本重要的農作物，除了做為醬油、味噌等原料，一般小麥會去除皮與胚芽而僅留胚乳，根據硬度分為3種，並依照用途選擇使用。

基本麵粉基底 1 比薩皮

材料（直徑 20 ㎝× 1 張份）

A
高筋麵粉…100G
砂糖、鹽…各⅓小匙
乾燥酵母…½ 小匙
沙拉油…1 小匙
溫水…50 ～ 60 ㎖
喜愛的配料…適量

製作方法

1. A 材料放入碗內，以調理筷輕輕攪拌，稍微均勻後以手揉捏約 5 分鐘。
2. 將 1 揉成球狀、撒上高筋麵粉（未含於材料表中），以保鮮膜包覆，於常溫靜置 20 ～ 30 分鐘。
3. 2 放在廚房用紙上，以手按壓麵糰，做成圓餅形。擺上比薩配料，以 200℃的烤箱烤約 15 分鐘。

適合麵粉…**高筋麵粉**

基本麵粉基底 2 手工烏龍麵

適合麵粉…
低筋麵粉＋高筋麵粉

材料（直徑 20 ㎝× 1 張份）

低筋麵粉、高筋麵粉…各 150g
鹽…1 小匙
水…150g

製作方法

1. 碗內放入粉類、鹽、水揉捏。
2. 待 1 揉捏至一定程度，裝進較厚的保鮮袋中，放在地板上踩 10 分鐘。將麵糰揉成球狀，以保鮮膜包覆，於常溫靜置約 1 小時。
3. 在桌面撒上適量的太白粉（未含於材料表中），放上麵糰以擀麵棍延展麵皮，依個人喜好調整厚度，折 2、3 層，切成 1 ㎝寬的麵條。
4. 將 3 放入沸水，視硬度煮 15～20 分鐘。

適合麵粉…
低筋麵粉＋高筋麵粉

基本麵粉基底 **3 餃子皮**

材料（25 枚分）

低筋麵粉、高筋麵粉…各 50g
熱水…80g
鹽…少許

製作方法

1. 碗內放入所有材料，以塑膠刮刀稍微攪拌。放在桌面上，揉捏約 5 分鐘至表面變得光滑。揉成球狀，以保鮮膜包覆，常溫靜置約 30 分鐘。
2. 將 1 切成 25 等分，以手輕輕按壓，撒適量高筋麵粉（未含於材料表中）以擀麵棍擀成餃子皮。

基本麵粉基底 **4 手打義大利麵**

適合麵粉…
低筋麵粉＋粗粒麵粉

材料（2 人份）

低筋麵粉、粗粒麵粉
…各 100g
A 雞蛋…2 個
　水…1 大匙
　鹽…少許

製作方法

1. 碗內放入粉類、分次加入拌勻的 A，以調理筷稍微攪拌。以手揉捏麵糰約 10 分鐘，揉成球狀，以保鮮膜包覆，常溫靜置 30 分鐘。
2. 在桌面撒上適量高筋麵粉（未含於材料表中），放上 1，以擀麵棍延展成薄片。以義大利麵機切成個人喜愛的寬度（如果沒有義大利麵機，亦可使用菜刀）。
3. 將 2、適量的鹽（未含於材料表中）放入沸水，待麵條浮起，視硬度再煮 2～3 分鐘。

種類

中筋麵粉
蛋白質含量 9% 左右的麵粉，具有適度的黏度，除了烏龍麵、冷麥，也使用於大阪燒等料理。亦有「中間質小麥」之稱。

高筋麵粉
蛋白質含量 12% 以上的麵粉，具有恰到好處的硬度，使用於中華麵、麵包等。亦有「硬質小麥」之稱。

低筋麵粉
蛋白質含量 8.5% 以下的麵粉，是最細緻的麵粉，使用於蛋糕、點心、天婦羅等。亦有「軟質小麥」之稱。

全粒麵粉
小麥不去除皮、胚芽而整顆研磨而成，多使用於麵包、穀片。礦物質、維生素含量較一般麵粉高。

胚芽
小麥胚芽，加入油炸料理的麵衣或製作餅乾等烘烤點心，能夠增添香氣。

粗粒麵粉
以最硬的硬質小麥研磨粗粒，做為義大利麵的原料，亦有「通心粉小麥」之稱。

蕎麥粉

原料：蕎麥果實
主要進口地：中國、美國、加拿大
熱量（約100g）：361kcal（全層粉）
營養成分：鉀、鎂、鐵、鋅、銅、錳、食物纖維

一番粉

二番粉

獨特香氣與風味
是蕎麥粉的價值

十分堅韌的作物，甚至出現在日本繩文時代的遺跡裡，是自古食用至今的食材。

蕎麥粉以完全成熟的蕎麥果實研磨而成。製作方法不同，蕎麥粉的風味與口感亦會改變。在日本，主要做為蕎麥麵的原料，然而這是從江戶時代開始才有的習慣。在那之前，蕎麥會煮成飯或粥食用。此外，世界各地使用蕎麥粉的國家很多，包括法國會使用蕎麥粉製作類似可麗餅的點心，尼泊爾則是會加水揉捏再烘烤。

一做好麵糰就要立刻水煮
蕎麥麵疙瘩

材料（2人份）

蕎麥粉…40g
馬鈴薯…250g
低筋麵粉…1 大匙
豆漿…1 大匙
A　雞蛋…1 個
帕馬森乾酪…2 大匙
鹽…½ 小匙
鹽…少許
市售白醬…70g
洋蔥…1/6 個
奶油…10g

製作方法

1. 馬鈴薯連皮水煮、趁熱去皮，切成一口大小。
2. 洋蔥切末，以奶油翻炒，加白醬煮沸。
3. 碗內放 1、蕎麥粉、A 拌勻，在桌面撒適量手粉（未含於材料表中），將麵糰揉捏成直徑 1.5 cm的棒狀。切 2.5 cm長，捏成球狀，以叉子按壓。
4. 將充分的水煮沸，加入鹽，煮 3。待 3 浮起再煮約 1 分鐘，去除水分。接著將 3 裝盤，淋上 2。

蕎麥的果實與蕎麥粉的種類帶殼蕎麥粉

去皮研磨而成，又稱「全層粉」。顏色偏黑、香氣頗高，使用於☒土蕎麥麵。

一番粉
製粉機最先研磨出的粉，又白又鬆的粉又稱「內層粉」。使用於更級蕎麥麵。

二番粉

以胚乳、胚芽為主，香氣、黏度適中，最容易製作蕎麥麵的粉，又稱「中層粉」。

三番粉

胚乳加胚芽與甘皮，黏度較☒，又偏「表層粉」，與一番粉、二番粉混合製作蕎麥麵。

不停攪拌即可完成
塊狀蕎麥

材料（易烹調分量）

蕎麥粉…100g
水…100 ㎖
醬油、芥茉…各適量

製作方法

1. 在有把手的鍋子中（以不沾鍋為佳）放蕎麥粉及全部的水，以打蛋器攪拌至沒有結塊。
2. 待呈現濃稠而沒有結塊的狀態，點火，一邊調整火勢一邊攪拌，避免表面燒焦。
3. 攪拌至柿花糖的硬度，做成喜愛的形狀，移至大略蓋過成品的熱水中。佐醬油、芥茉享用。

基礎資訊

掌握妥善保存的方法與
不同乾貨的營養價值，
就能將乾貨的力量
發揮得淋漓盡致。

保存方法

乾貨切忌潮濕。儘管乾貨的水分原本就少，但如果保存狀態不佳，乾貨的品質就會變差，使乾物損傷，甚至有可能會因為長霉而無法食用。請依照各種乾貨的特性，以正確的方法保存並盡早使用完畢。

基本的保存方法

一 少量購買

儘管乾貨是保存食品，為了使乾貨從頭到尾都很美味，建議以少量購買取代大量購買，並盡早使用完畢。尤其是粉類、豆類、堅果類，風味、品質有可能會變差，也有可能長蟲。請選擇製造日期較近的製品，並少量購買。

二 分成容易使用的大小

昆布、海苔、冬粉等使用起來比較麻煩的乾貨，建議分成容易食用的大小或一次使用的分量。這樣一來，不僅容易保存，每天烹調料理時也能輕鬆使用，進而盡早將乾貨使用完畢。

三 放入透明的密封容器，確認使用量

為了避免乾貨受潮、走味，一定要保存在密封罐、玻璃瓶、塑膠容器、夾鏈袋等處。或放入乾燥劑能更讓人放心。此外，為了確認使用量，建議選擇透明容器。

四 在容器上貼便條紙或標籤更加便利

乾貨的新鮮度十分重要。為了確實掌握製造日期、有效日期、開封日期等資訊，建議寫在便條紙或標籤上，並貼在容器上。

五 保存在陰涼處

高溫、日照會導致乾貨氧化或劣化。請保存在陰涼處。

冷藏的保存方法──

冷藏保存方法（亦建議冷藏保存）

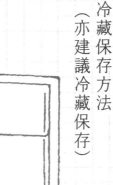

低溫、防潮的冷藏保存亦很適合乾貨，尤其是魚乾、番薯乾、柿子乾等半乾燥乾貨。冷藏保存，必確實密封，避免置於溫度變化較大的門邊。

冷凍的保存方法──

一 購買後即冷凍保存

容易氧化的魚類、不太使用的麵麩等建議冷凍保存。為了避免品質變差，建議一購買就立刻冷凍保存。此外，魚乾、欠身鰤魚等體積較大的魚類，要一尾一尾以保鮮膜包覆；而吻仔魚等則可平放於夾鏈袋中，便於使用。

二 泡發後冷凍保存

乾燥香菇、粗蘿蔔乾、芋莖等乾貨，建議全部泡發後，分成容易使用的分量，以保鮮膜包覆後冷凍保存。若是想使用泡發乾貨的水，可以連同泡發乾貨的水一同冷凍保存。尤其是水需要花費較多時間的豆類。不過，仍然建議盡早食用完畢。

三 烹調後亦可冷凍保存

烹調需要花費許多時間的甘煮、煮豆等料理，可以煮多一些，分成小包冷凍保存。這麼一來，製作便當、配菜都很便利。

海苔

海苔是低卡路里的營養豐富食品。除了維生素C、E，同時也富含可強化皮膚、黏膜的β胡蘿蔔素。此外，海苔含有調整體質所不可或缺的鉀、鎂，以及對貧血有預防效果的鐵等各樣礦物質以及大量食物纖維可改善便秘。

燒海苔營養成分表
（紫菜／燒海苔食用量100g）

熱量		188kcal
水分		2.3g
蛋白質		41.4g
脂質		3.7g
碳水化合物		44.3g
無機質	鈣	280mg
	鎂	300mg
	鐵	11.4mg
維生素A、β胡蘿蔔素		27000μg
食物纖維總量		36g
鹽		1.3g

裙帶菜

裙帶菜含豐富礦物質，包括鉀，有助於預防高血壓；鐵，防止貧血；鈣，強化骨骼；硒，具防癌功效；褐藻糖膠，水溶性食物纖維，不僅可預防血管栓塞，還可有效抑制血壓升高。

乾燥裙帶菜營養成分表
（食用量100g）

熱量		117kcal
水分		12.7g
蛋白質		13.6g
脂質		1.6g
碳水化合物		41.3g
無機質	鉀	5200mg
	鈣	780mg
	鐵	2.6mg
食物纖維總量		32.7g
鹽		16.8g

昆布

具備海藻獨有的濕滑特性，水溶性纖維褐藻酸、褐藻糖膠等物質可降低膽固醇，調整腸胃道。昆布含豐富礦物質，包括鈣，可強化骨骼與牙齒；鎂，可安定血壓等。

素干昆布營養成分表
（真昆布／素干食用量100g）

熱量		145kcal
水分		9.5g
蛋白質		8.2g
脂質		1.2g
碳水化合物		61.5g
無機質	鉀	6100mg
	鎂	510mg
	鈣	710mg
	鐵	3.9mg
食物纖維總量		27.1g
鹽		7.1g

鰹魚乾

濃厚的鮮味與其它動物性食品所富含的美味相同，內含大量肌苷酸就是證明。主要成分為蛋白質，其它營養成分：鋅，保持味覺功能正常；鐵，具造血功能，以及大量維生素B1，幫助神經系統正常穩定運作。此外，尚有DHA、IPA等不飽和脂肪酸可有效抑制血栓與降低膽固醇。

鰹魚乾營養成分表
（食用量100g）

熱量		356kcal
水分		15.2g
蛋白質		77.1g
脂質		2.9g
碳水化合物		0.8g
無機質	鉀	940mg
	鈣	28mg
	鐵	5.5mg
	鋅	2.8mg
維生素	D	6μg
	B₁	0.55mg
	肌苷酸	45mg
食物纖維總量		0g
鹽		0.3g

羊栖菜

羊栖菜與其它藻類同樣含有豐富礦物質，特別是鈣含量居前段班。同時也富含：鐵，可預防貧血；鉀，安定血壓，以及大量食物纖維可消除便秘。是相當健康的食材。

羊栖菜乾營養成分表
（食用量100g）

熱量		139kcal
水分		13.6g
蛋白質		10.6g
脂質		1.3g
碳水化合物		56.2g
無機質	鉀	4400mg
	鈣	1400mg
食物纖維總量		43.3g
鹽		3.6g

寒天

寒天卡路里低，富含大量食物纖維，由於具飽足感，適合作為減重食材。此外，近年來有報告指出寒天具有降低血糖與膽固醇功效，被視為改善3高疾病的食品。

角寒天營養成分表
（石花菜食用量100g）

熱量		3kcal
水分		98.5g
蛋白質		Tr
脂質		Tr
碳水化合物		1.5g
無機質	鈣	10mg
	鐵	0.2mg
食物纖維總量		1.5g
鹽		0g

「Tr」（トレース＝微量）は，1/10 以上 5/10 未満の値です。

室鰺乾

魚乾濃縮了鮮味成分，因此得以品嘗其獨特風味。雖富含大量優質蛋白質，但因製造方法不同，鹽分含量也有差異，請注意避免食用過量。

室鰺乾營養成分表
（室鰺乾／開干食用量 100g）

熱量	155kcal
水分	67.9g
蛋白質	22.9g
脂質	6.2g
碳水化合物	0.1g
無機質	1.4mg
食物纖維總量	0g
鹽	2.1g

魷魚

魷魚含有大量鮮味成分。不僅卡路里低，富含優質蛋白質的魷魚同時具有豐富牛磺酸，可有效恢復疲勞。但為膽固醇較高的食材，請注意勿食用過量。

魷魚營養成分表
（食用量 100g）

熱量	334kcal
水分	20.2g
蛋白質	69.2g
脂質	4.3g
碳水化合物	0.4g
食物纖維總量	0g
鹽	2.3g

欠身鯡魚

富含不飽和脂肪酸 IPA、DHA，具有預防動脈硬化及降低膽固醇功效。同時也含有許多維生素A，提升免疫力及強化黏膜，以及維生素 E，防止細胞老化與大量的鉀。

欠身鯡魚營養成分表
（食用量 100g）

熱量		246kcal
水分		60.6g
蛋白質		20.9g
脂質		16.7g
碳水化合物		0.2g
無機質	鉀	430mg
	鋅	1.3mg
維生素	D	50 μ g
食物纖維總量		0g
鹽		0.4g

蝦乾

蝦乾含有大量鈣、鎂，可預防骨質疏鬆症，以及鐵，改善貧血等營養素，為可以完整全部食用的營養食材。但剝殼蝦乾鈣質含量較低。此外，蝦乾同時富含牛磺酸，為胺基酸的一種，有助於強化肝功能、預防糖尿病以及恢復眼睛疲勞。

蝦乾營養成分表
（食用量 100g）

熱量		233kcal
水分		24.2g
蛋白質		48.6g
脂質		24.2g
碳水化合物		0.3g
無機質	鈉	1500mg
	鉀	740mg
	鈣	7100mg
食物纖維總量		0g
鹽		3.8g

鱈魚乾

脂肪含量少，具有豐富的優質蛋白質。此外，也含有相當多的鮮味成分肌苷酸，以及被視為具抗老化、美肌功效的膠原蛋白。

鱈魚乾營養成分表
（真鱈／鱈魚乾食用量 100g）

熱量		317kcal
水分		18.5g
蛋白質		73.2g
脂質		18.5g
碳水化合物		0.1g
無機質	鉀	1600mg
	鈣	80mg
	鐵	0.1mg
維生素	D	6 μ g
	E	0.3mg
食物纖維總量		0g
鹽		3.8g

魚翅

魚翅富含大量膠原蛋白。膠原蛋白是連結細胞，活化肌膚新陳代謝最佳美肌食材。此外，同時有助於強化血管與提升免疫力，以及含有豐富的鐵、鋅等礦物質。

魚翅營養成分表
（食用量 100g）

熱量		342kcal
水分		13g
蛋白質		83.9g
脂質		1.6g
碳水化合物		Tr
無機質	鐵	1.2mg
	鋅	3.1mg
食物纖維總量		0g

小魚乾、吻仔魚乾、白魚乾

小魚乾與沙丁魚皆含豐富鈣質，同時也富含維生素 D，可加強鈣質吸收、鎂、蛋白質。白魚乾由於質地柔軟易食，適合作為幼兒及長者的鈣質來源。但白魚乾與吻仔魚鹽分較高，調味需注意。

小魚乾營養成分表
（鯷魚／小魚乾食用量 100g）

熱量		332kcal
水分		15.7g
蛋白質		64.5g
脂質		6.2g
碳水化合物		0.3g
無機質	鈣	2200mg
	鐵	18mg
維生素	D	18 μ g
食物纖維總量		0g
鹽		4.3g

鹽鮭

原料鮭魚，特徵在於身體顏色含有紅色蝦青素，具強烈抗氧化作用，並具防止動脈硬化、白內障、老化效果。其功效是維生素 E 的 500～1000 倍。此外，也含有相當多維生素 D，提高鈣的吸收，以及 B_1，具恢復疲勞效果。

鹽鮭營養成分表
（食用量 100g）

熱量		199kcal
水分		63.6g
蛋白質		22.4g
脂質		11.1g
碳水化合物		0.1g
維生素	D	23 μ g
	B_1	0.14mg
	B_2	0.15mg
	B_{12}	6.9 μ g
食物纖維總量		0g
鹽		1.8g

蔬菜的營養

乾燥蘿蔔

乾燥蘿蔔富含鉀，有助於預防高血壓。同時含有大量食物纖維，能有效降低血液中的膽固醇，並使排便順暢，以及具造血功用的鐵、有效恢復疲勞的 B_1 與有效預防口內炎的 B_2。

乾燥蘿蔔營養成分表
（食用量 100g）

熱量		279kcal
水分		15.5g
蛋白質		5.7g
脂質		0.5g
碳水化合物		67.5g
無機質	鉀	3200mg
	鈣	540mg
	鐵	9.7mg
維生素	B_1	0.33mg
食物纖維總量		20.7g

干瓢

含大量礦物質，包括鋅，保持味覺功能正常運作；錳，促進代謝機能。由於富含食物纖維，可使體內比菲德氏菌增加，促進腸胃蠕動，排便順暢，深受女性歡迎。

干瓢營養成分表
（食用量 100g）

熱量		261kcal
水分		19.8g
蛋白質		7.1g
脂質		0.2g
碳水化合物		67.9g
無機質	鉀	1800mg
	鈣	250mg
	鐵	2.9mg
	鋅	1.8mg
	錳	1.6mg
食物纖維總量		30.1g

烏魚子

富含大量維生素 A，可提升免疫力、強化皮膚、喉嚨黏膜；以及維生素 D，促進鈣質吸收，強化骨骼。同時含有促進熱量代謝的泛酸。

烏魚子營養成分表
（食用量 100g）

熱量			423kcal
水分			25.9g
蛋白質			40.4g
脂質			28.9g
碳水化合物			0.3g
無機質	鋅		9.3mg
維生素	A	β-胡蘿蔔素	8 μg
		視黃醇	350 μg
	D		33 μg
	泛酸		5.17mg
食物纖維總量			0g
鹽			3.6g

干貝

富含牛磺酸，有效降低血液中的膽固醇。此外，谷氨酸、肌苷酸等多種氨基酸富含其中，可製作鮮美高湯。同時也含有抑制癌症的硒等多種礦物質。

干貝營養成分表
（食用量 100g）

熱量		322kcal
水分		17.1g
蛋白質		65.7g
脂質		1.4g
碳水化合物		7.6g
無機質	鉀	1500mg
	鈣	740mg
	鋅	6.1mg
食物纖維總量		0g
鹽		6.4g

紫萁

紫萁含有：鉀，具利尿成分；鈣，助於強化骨骼；食物纖維，有助腸胃蠕動。民俗療法也利用紫萁煮水改善貧血與利尿。

紫萁營養成分表
（食用量 100g）

熱量			293kcal
水分			8.5g
蛋白質			14.6g
脂質			0.6g
碳水化合物			70.8g
無機質	鉀		2200mg
	鐵		7.7mg
	鋅		4.6mg
	銅		1.2mg
	錳		3.34mg
維生素	A	β-胡蘿蔔素	710 μg
食物纖維總量			34.8g

乾燥香菇

乾燥香菇含食物纖維，有效預防便祕、動脈硬化。因含有食物纖維 β 胡蘿蔔素，可活化免疫細胞、抑制癌症、促進鐵吸收，是相當優質的營養素。同時也有助於鈣質吸收的維生素 D。

乾燥香菇營養成分表
（食用量 100g）

熱量		182kcal
水分		9.7g
蛋白質		19.3g
脂質		19.3g
碳水化合物		63.4g
無機質	鉀	2100mg
維生素	D	16.8mg
食物纖維總量		41g

芋莖

含有多種營養素：鈉，促進排泄；鉀，預防高血壓；鈣，強化骨骼；食物纖維，助於排便順暢。由於幾乎不含脂肪，礦物質含量多，近年又再度成為優良健康食材的焦點。

芋莖營養成分表
（食用量 100g）

熱量		246kcal
水分		9.9g
蛋白質		6.6g
脂質		0.4g
碳水化合物		63.5g
無機質	鉀	100000mg
	鈣	1200mg
食物纖維總量		25.8g

番薯乾

由於膽固醇含量低，100g 番薯乾含高達 5.9g 食物纖維，推薦給飽受便秘困擾的人作為點心。同時富含：鈉，促進排泄；鉀，降低血壓；維生素 B_1，有助於神經穩定運作；維生素 C，強化微血管。

番薯乾營養成分表
（食用量 100g）

熱量		303kcal
水分		22.2g
蛋白質		3.1g
脂質		0.6g
碳水化合物		71.9g
無機質	鉀	980mg
維生素	C	9mg
	B_2	0.19mg
食物纖維總量		5.9g

辣椒

辣椒內所含之辣椒素有助於脂肪燃燒，由於促進消化與血液循環，可改善肥胖與手腳冰冷。但若過度攝取，會引起腸胃發炎，請勿過度食用。

辣椒營養成分表
（果實／乾燥食用量100g）

熱量		384kcal
水分		8.8g
蛋白質		14.7g
脂質		12g
碳水化合物		58.4g
食物纖維總量		46.4g

木耳

木耳與其它菇類相同，含大量食物纖維，有助於改善便秘與預防大腸癌。此外，含有多種礦物質：鈣、鐵、鎂。此外，木耳黏液也具有滋養、預防肌膚乾燥的作用。

木耳營養成分表
（食用量100g）

熱量		167kcal
水分		14.9g
蛋白質		7.9g
脂質		2.1g
碳水化合物		71.1g
無機質	鈣	310mg
	鎂	210mg
	鐵	35.2mg
維生素	D	435 μ g
食物纖維總量		57.4g

凍蒟蒻

凍蒟蒻熱量趨近於零，幾乎全部都是食物纖維，是非常健康的食材。食物纖維有助於整腸通便，將體內老廢物排出體外。同時具有抑制血糖升高與降低膽固醇的功效。

※無資料

蕨菜

蕨菜富含胡蘿蔔素、鉀、鈣。胡蘿蔔素能增強抵抗力、抑制活性氧。鉀有助於鈉排出，有效預防高血壓。鈣強化骨骼與牙齒。因含食物纖維，預防便祕效果佳。

蕨菜營養成分表
（食用量100g）

熱量		274kcal
水分		10.4g
蛋白質		20.0g
脂質		0.7g
碳水化合物		61.4g
無機質	鉀	3200mg
	鈣	200mg
維生素	A β - 胡蘿蔔素	1300 μ g
食物纖維總量		58.0g

豆類的營養

豇豆

營養成分與紅豆幾乎完全相同：維生素 B₁，恢復疲勞與預防中暑；維生素 B₂，保持皮膚健康，改善眼睛疲勞及口角炎；食物纖維，活化體內好菌，有助排便順暢。

豇豆營養成分表
（全粒食用量100g）

熱量		336kcal
水分		15.5g
蛋白質		23.9g
脂質		2g
碳水化合物		55g
無機質	鉀	1400mg
	鐵	5.6mg
維生素	E	Tr
	B₁	0.5mg
	B₂	0.1mg
食物纖維總量		18.4g

紅豆

紅豆富含鉀與皂素，促進體內排出多餘鹽分、消浮腫與預防高血壓。此外，種皮含有紅色青花素，有效減輕肝功能障礙。同時含有B1，有效恢復疲勞，以及食物纖維，有助預防便祕。

紅豆營養成分表
（全粒食用量100g）

熱量		339kcal
水分		15.5g
蛋白質		20.3g
脂質		2.2g
碳水化合物		58.7g
無機質	鉀	1500mg
維生素	B₁	0.45mg
食物纖維總量		17.8g

扁豆

扁豆主要成分為碳水化合物與蛋白質，種皮內含大量食物纖維，含量居豆類前段，有助於消除便秘、預防癌症。另含有維生素B1 與 B2，有效恢復疲勞。同時含有鐵、鈣、鉀等礦物質。

扁豆營養成分表
（食用量100g）

熱量		333kcal
水分		16.5g
蛋白質		19.9g
脂質		2.2g
碳水化合物		57.8g
無機質	鈣	130mg
	鎂	150mg
	鋅	2.5mg
食物纖維總量		19.3g

大豆

大豆又稱「植物肉」，富含蛋白質、脂質、碳水化合物、維生素、無機質等五大營養素，是相當優質的食材。此外，內含與女性荷爾蒙相似的異黃⊗，可有效減輕更年期不適，預防骨質疏鬆症。而食物纖維與大豆寡糖有助於改善便秘。

大豆營養成分表
（全粒／國產食用量100g）

熱量		417kcal
水分		12.5g
蛋白質		35.3g
脂質		19g
碳水化合物		28.2g
維生素	B₁	0.83mg
	B₂	0.3mg
食物纖維總量		17.1g

芝麻

芝麻含許多有效成分，其中特有成分為木脂素。木脂素為芝麻抗氧化的總稱。當中含有芝麻素、黃酮素等數種成分。芝麻素可抑制癌症、降低膽固醇與血壓。常保青春的必要礦物質維生素 E 可維持肌膚光澤。

芝麻營養成分表
（白／粉狀食用量 100g）

熱量		578kcal
水分		4.7g
蛋白質		19.8g
脂質		51.9g
碳水化合物		18.4g
無機質	鈣	1200mg
	鎂	370mg
	鐵	9.6mg
食物纖維總量		10.8g

豆腐皮

豆腐皮原料大豆含有與女性荷爾蒙作用相同的異黃酮以及卵磷脂，卵磷脂可防止腦細胞老化。此外，鋅、鉀等礦物質可藉由豆腐皮 15g 攝取相於豆腐 100g 的量，營養素十分豐富。

豆腐皮營養成分表
（食用量 100g）

熱量		511kcal
水分		6.5g
蛋白質		53.2g
脂質		28g
碳水化合物		8.9g
無機質	鉀	850mg
	鈣	200mg
	鎂	200mg
	鐵	8.1mg
	鋅	5mg
食物纖維總量		3.3g

凍豆腐

凍豆腐凝結豆腐成分，營養價值高。是優質食材。主要成分為身體所不可或缺的蛋白質與脂質。此種脂質含有 α - 亞麻酸，可降低膽固醇及預防動脈硬化。同時也含有鋅、鈣、鐵、錳等礦物質。

凍豆腐營養成分表
（食用量 100g）

熱量		529kcal
水分		8.1g
蛋白質		49.4g
脂質		33.2g
碳水化合物		5.7g
無機質	鈣	660mg
	鎂	120mg
	鐵	6.8mg
	鋅	5.2mg
食物纖維總量		1.8g

其它豆類

豆類除了具優質蛋白質，也均衡含有維生素 E、鈣、食物纖維，有助預防高血壓、預防便祕、3 高疾病。由於也含有維生素 B 群，是恢復疲勞與防中暑的好食品。

鷹嘴豆營養成分表
（全粒食用量 100g）

熱量		374kcal
水分		10.4g
蛋白質		20.0g
脂質		5.2g
碳水化合物		61.5g
無機質	鈣	100mg
	鉀	1200mg
	鐵	2.6mg
維生素	E	2.5mg
	B_1	0.37mg
	B_2	0.15mg
食物纖維總量		16.3g

核桃

核桃含優質不飽和脂肪酸，可降低膽固醇，有效預防動脈硬化與三高疾病。含維生素 B_1、B_2，有助恢復疲勞、預防中暑。但核桃熱量高，請避免食用過量。

核桃營養成分表
（烤、食用量 100g）

熱量		674kcal
水分		3.1g
蛋白質		14.6g
脂質		68.8g
碳水化合物		11.7g
維生素	E	1.2mg
	B_1	0.26mg
	B_2	0.15mg
食物纖維總量		7.5g

花生

花生含單價不飽和脂肪酸的油酸，可降低膽固醇，有助預防動脈硬化。腦磷脂及卵磷脂有助預防健忘與記憶力衰退；維生素可防止老化，幫助美肌。但花生熱量高，請避免食用過量。

花生營養成分表
（食用量 100g）

熱量		562kcal
水分		6g
蛋白質		25.4g
碳水化合物		18.8g
脂質		18.8g
維生素	E	10.1mg
	B_1	0.85mg
	B_2	0.1mg
菸鹼酸		17mg
食物纖維總量		7.4g

柿子乾

柿子乾特色在於果實甜度高。因含非水溶性食物纖維，有助整腸及預防大腸癌。此外，柿子橙色色素中的活性氧，可保護內臟與皮膚以及抑制癌症。

柿子乾營養成分表
（食用量 100g）

熱量		276kcal
水分		24g
蛋白質		1.5g
脂質		1.7g
碳水化合物		71.3g
無機質	鉀	670mg
維生素	A β - 胡蘿蔔素	1400mg
食物纖維總量		14g

麵麩

麵麩內含麵粉，屬於澱粉類。單食麵麩營養不均，放入雞肉、大豆、蔬菜等食材一起料理。請留心食材搭配，維持營養均衡。

麵麩營養成分表
（車麵麩、食用量 100g）

熱量	387kcal
水分	11.4g
蛋白質	30.2g
脂質	3.4g
碳水化合物	54.2g
食物纖維總量	2.6g

乾麵

蕎麥麵與烏龍麵皆為身體活動能量來源，澱粉含量高。由於單食麵類營養不均，請放入雞肉、蔬菜、魚板等食材，或加入蔥、薑、七味唐辛子等調味料與食材搭配食用。

乾麵營養成分表
（乾蕎麥麵、食用量 100g）

熱量		344kcal
水分		14g
蛋白質		14g
脂質		2.3g
碳水化合物		66.7g
無機質	鎂	100mg
	鐵	2.6mg
	鋅	1.5mg
食物纖維總量		3.7g

乾麵營養成分表
（乾烏龍、食用量 100g）

熱量	348kcal
水分	13.5g
蛋白質	8.5g
脂質	1.1g
碳水化合物	71.9g
維生素 B_1	0.08mg
B_2	0.02mg
食物纖維總量	2.4g

雜糧

身體活動能量來源，澱粉含量高。雜糧含：鈣，有效預防骨質疏鬆症；鐵，具造血功效；鋅，保持味覺神經正常運作等所欠缺的礦物質。

小米營養成分表
（精製、食用量 100g）

熱量		364kcal
水分		12.5g
蛋白質		10.5g
脂質		2.7g
碳水化合物		73.1g
無機質	鈣	14mg
	鎂	110mg
	鐵	4.8mg
	鋅	2.7mg
維生素 B_1		0.2mg
食物纖維總量		3.4g

蕎麥粉

蕎麥殼含蘆丁，強化微血管，有效預防心臟病與動脈硬化。食物纖維有助於活化腸道；維生素B1穩定神經系統運作。鉀可抑制血壓升高。

蕎麥粉營養成分表
（全層粉、食用量 100g）

熱量		361kcal
水分		13.5g
蛋白質		12g
脂質		3.1g
碳水化合物		69.6g
無機質	鉀	410mg
	鎂	190mg
	鐵	2.8mg
	鋅	2.4mg
	銅	0.54mg
	錳	1.09mg
食物纖維總量		4.3g

麵粉

相較白米，蛋白質的品質較差，請搭配蛋、肉或乳製品食用。小麥因加工過程造成營養成分流失。若想藉由小麥攝取維生素B群、食物纖維，建議集中小麥胚芽部位食用。

麵粉營養成分表
（低筋麵粉／一等粉食用量 100g）

熱量		368kcal
水分		14g
蛋白質		8g
脂質		1.7g
碳水化合物		75.9g
無機質	鈣	23mg
	鐵	0.6mg
食物纖維總量		2.5g

麻糬

麻糬與白米相同容易消化好吸收，有益養病調理。主要成分為澱粉，請與肉、魚、蛋、蔬菜等各種食材搭配食用。

麻糬營養成分表
（食用量 100g）

熱量		235kcal
水分		44.5g
蛋白質		4.2g
脂質		0.8g
碳水化合物		50.3g
無機質	鈣	7mg
	鋅	1.4mg
食物纖維總量		0.8g

米粉

米粉以米為原料製成，營養成分與白米相同。主要成分澱粉轉化為大腦唯一能量來源葡萄糖。含有 GABA 有效安定血壓。米粉雖較缺乏維生素與礦物質，但容易消化好吸收。

粳米粉營養成分表
（食用量 100g）

熱量		362kcal
水分		14g
蛋白質		6.2g
脂質		0.9g
碳水化合物		78.5g
無機質	鈣	5mg
	鋅	1mg
食物纖維總量		0.6g

國家圖書館出版品預行編目（CIP）資料

45 款居家必備乾貨活用食譜：從昆布、香菇到
豆類，變化出 214 道美味常備菜 / 三浦理代監
修；賴庭筠譯. ── 初版. ── 新北市：遠足
文化，2015.03 譯自：日本の食材帖乾物レシピ：
常備もしやすい万能料理！
ISBN 978-986-5787-81-3（平裝）
1. 食譜

427.1   104003164

45 款居家必備乾貨活用食譜
從昆布、香菇到豆類，變化出214道美味常備菜

日本の食材帖乾物レシピ─常備もしやすい万能料理

監修────三浦理代
譯者────賴庭筠
執行長───呂學正
總編輯───郭昕詠
責任編輯─王凱林
行銷經理─叢榮成
封面設計─霧室
排版────健呈電腦排版股份有限公司

社長────郭重興

發行人兼

出版總監─曾大福

出版者───遠足文化事業股份有限公司
地址────231 新北市新店區民權路 108-3 號 6 樓
電話────(02)2218-1417
傳真────(02)2218-1142
電郵────service@bookrep.com.tw
郵撥帳號─19504465
客服專線─0800-221-029
部落格───http://777walkers.blogspot.com/
網址────http://www.bookrep.com.tw
法律顧問─華洋法律事務所　蘇文生律師
印製────成陽印刷股份有限公司
電話────(02)2265-1491

初版一刷 中華民國 104 年 3 月
Printed in Taiwan

NIHON NO SHOKUZAI-CHO KANBUTSU-RECIPE
Copyright © 2012 SHUFU-TO-SEIKATSU SHA LTD.
All rights reserved.
Original Japanese edition published by SHUFU-TO-SEIKATSU SHA LTD., Tokyo.

This Complex Chinese language edition is published by arrangement with
SHUFU-TO-SEIKATSU SHA LTD., Tokyo in care of Tuttle-Mori Agency, Inc., Tokyo
through AMANN CO. LTD. Taipei